高职高专"十三五"规划教材

机电专业

变频器技术及应用

（第二版）

主　审　梁南丁

主　编　周　斐　张会娜

副主编　赵江涛　付　军　雷　钢

　　　　陆尚平　赵　楠

参　编　张艳霞　孔令雪

南京大学出版社

内容摘要

本书主要包括:电力电子器件简介,变频器的基本组成原理和控制方式,变频调速系统主要电器的选用,变频器的操作、运行、安装、调试、维护及抗干扰,变频器在风机、水泵、中央空调、空气压缩机和液态物料传送等方面的应用实例等。本书淡化了高深的理论分析及数学运算,列举了多种应用实例,具有很高的参考价值。

本书可作为高等职业学校机电类及相关专业的教材,也可供从事机电技术和电气技术的人员参考。

图书在版编目(CIP)数据

变频器技术与应用/周斐,张会娜主编. —2版
. —南京:南京大学出版社,2016.8
高职高专"十三五"规划教材.机电专业
ISBN 978 - 7 - 305 - 16590 - 0

Ⅰ.①变… Ⅱ.①周… ②张… Ⅲ.①变频器—高等
职业教育—教材 Ⅳ.①TN773

中国版本图书馆 CIP 数据核字(2016)第 050579 号

出版发行 南京大学出版社
社　　址 南京市汉口路 22 号　　　　邮编 210093
出 版 人 金鑫荣

丛 书 名 高职高专"十三五"规划教材·机电专业
书　　名 变频器技术与应用(第二版)
主　　编 周 斐 张会娜
责任编辑 王秉华　何永国　　　编辑热线 025 - 83592146

照　　排 南京理工大学资产经营有限公司
印　　刷 南京人文印务有限公司
开　　本 787×1092　1/16　印张 15　字数 370 千
版　　次 2016 年 8 月第 2 版　2016 年 8 月第 1 次印刷
ISBN　978 - 7 - 305 - 16590 - 0
定　　价 32.00 元

网　　址:http://www.njupco.com
官方微博:http://weibo.com/njupco
微信服务号:njuyuexue
销售咨询热线:(025)83594756

前　言

本书结合我国高等职业教育的特点，以培养机电一体化应用型人才为目标，在注重基础理论教育的同时，针对实际工作中经常面对的实践操作内容，突出实用性和先进性，在内容叙述上，力求通俗易懂、由浅入深地阐明问题。全书以变频器的实际应用为重点内容，淡化了理论计算内容。

本书依据高等职业教育"以就业为导向，以职业能力培养为重点"的原则，注重实践操作训练，主要有以下特点：

1. 以实用技能培养为主，由浅入深，循序渐进，帮助学生掌握变频器应用的基本技术理论和技术基础。

2. 吸收当前较为先进、应用较为广泛的变频器应用实例，使教学过程与生产生活实际更加贴近。

3. 书中给出了变频器在多个不同行业领域的应用案例，可以供不同专业学生根据专业需要选学。

本书由平顶山工业职业技术学院周斐、张会娜任主编，平顶山工业职业技术学院赵江涛、湖南机电职业技术学院付军、中州大学雷钢、广西水利电力职业技术学院陆尚平、湖南水利水电职业技术学院赵楠任副主编，平顶山工业职业技术学院梁南丁教授主审。参与教材编写的还有郑州信息科技职业学院张艳霞、平顶山工业职业技术学院孔令雪。平煤集团的现场工程技术人员周先锋、徐其祥也提出了许多宝贵意见，在此谨表示诚挚的感谢。

全书编写分工如下：周斐编写第 1 章，张会娜编写第 4 章，赵江涛编写第 2 章，付军和陆尚平共同编写第 6 章，雷钢编写第 8 章和附录 1、附录 2，赵楠编写第 3 章，张艳霞编写第 5 章，孔令雪编写第 7 章。全书统稿工作由周斐负责。

在编写过程中，编者参阅了国内外许多专家、同行的教材、著作、论文，对此，谨致诚挚的谢意！

由于编者水平有限，书中难免有不足之处，敬请读者批评指正。

编者

2016 年 6 月

教学资源下载

目　录

第 1 章　概　述

学习目标

1. 掌握变频技术的基本概念。
2. 了解变频器的功能与发展趋势。
3. 了解变频器应用范围。

1.1　变频技术的概念及其应用的历史

通过改变交流电频率的方式实现交流电控制的技术就叫变频技术。

变频技术是应交流电机无级调速的需要而诞生的。20 世纪 60 年代后半期开始,电力电子器件从 SCR(晶闸管)、GTO(门极可关断晶闸管)、BJT(双极型功率晶体管)、MOSFET(金属氧化物场效应管)、SIT(静电感应晶体管)、SITH(静电感应晶闸管)、MGT(MOS 控制晶体管)、MCT(MOS 控制晶闸管)发展到今天的 IGBT(绝缘栅双极型晶体管)、HVIGBT(耐高压绝缘栅双极型晶闸管),器件的更新促使电力变换技术的不断发展。20 世纪 70 年代开始,脉宽调制变压变频(PWM—VVVF)调速研究引起了人们的高度重视。20 世纪 80 年代,作为变频技术核心的 PWM 模式优化问题吸引着人们的浓厚兴趣,并得出诸多优化模式,其中以鞍形波 PWM 模式效果最佳。20 世纪 80 年代后半期开始,美、日、德、英等发达国家的 VVVF 变频器已投入市场并广泛应用。

在现代工业生产与人们的日常生活中,往往根据节能、控制等各种不同要求,将公共电网中的交流电转换成不同频率的交流电。常用工业电源主要有以下几种:

1. 工频电源

用于工业生产和生活,频率为 50 Hz。

2. 整流电源

将工频电源通过整流变换成直流电,用于需要直流供电的场合,频率为 0 Hz。

3. 不间断电源

平时,电网对蓄电池充电,当电网停电时,将蓄电池的直流电逆变成 50 Hz 的交流电,为设备提供临时电源。

4. 交流调速电源

用三相变频器产生电压和频率连续可调的交流电源,用于三相交流异步电动机调速。

5. 中频电源

主要用于金属冶炼、精密铸造过程中的感应加热。

1.2　变频技术的基本类型

变频技术的类型有下面几种：

1. 整流技术

通过由二极管组成的不可控整流器或者由晶闸管组成的可控整流器,将工频交流电变换成频率为 0 的直流电,称为整流技术。

2. 直流斩波技术

通过改变电力半导体器件的通断时间,也就是脉冲频率(定宽变频),或者改变脉冲的宽度(定频调宽)达到调节直流平均电压的目的。

3. 逆变技术

在变频技术中,逆变器是利用半导体器件的开关特性,将直流电变换成不同频率的交流电。

4. 交—交变频技术

通过控制电力半导体器件的导通与关断时间,将工频交流电变换成频率连续可调的交流电。

5. 交—直—交变频技术

先将交流电经过整流器变换成直流电,再将直流电逆变成频率可调的交流电。

1.3　变频技术的发展

变频技术是在电力电子技术、交流调速控制理论和计算机技术基础上发展起来的,是应交流异步电动机无级调速和节能需求诞生的。人们把根据变频技术制造出用于交流异步电动机调速的电气设备称为变频器,其外形如图 1-1 所示。

变频技术是应交流电机无级调速的需要而诞生的。20 世纪 60 年代后半期开始,电力电子器件从 SCR(晶闸管)、GTO(门极可关断晶闸管)、BJT(双极型功率晶体管)、MOSFET(金属氧化物场效应管)、SIT(静电感应晶体管)、SITH(静电感应晶闸管)、MCT(MOS 控制晶体管)、MCT(MOS 控制晶闸管)发展到今天的 IGBT(绝缘栅双极型晶体管)、HVIGBT(耐高压绝缘栅双极型晶闸管),器件的更新促使电力变换技术的不断发展。20 世纪 70 年代开始,脉宽调制变压变频(PWM-VVVF)

图 1-1　变频器的外形

调速研究引起了人们的高度重视。20 世纪 80 年代,作为变频技术核心的 PWM 模式优化问题吸引着人们的浓厚兴趣,并得出诸多优化模式,其中以鞍形波 PWM 模式效果最佳。20 世纪 80 年代后半期开始,美、日、德、英等发达国家的 VVVF 变频器已投入市场并广泛应用。

VVVF 控制方式的变频器属于第一代变频器,这类变频器控制相对简单,机械特性硬度也较好,能够满足一般传动的平滑调速要求,已在产业的各个领域得到广泛应用。但是,这种控制方式在低频时由于输出电压较小,受定子电阻压降的影响比较显著,故造成输出最大转矩减小。另外,其机械特性终究没有直流电动机硬,动态转矩能力和静态调速性能都还不尽如人意,因此人们又研究出第二代变频器——矢量控制方式的变频器,实现矢量控制变频调速。

矢量控制变频调速的做法是:将异步电动机在三相坐标系下的定子交流 I_A、I_B、I_C 通过三相——二相变换,等效成两相静止坐标系下的交流电流 i_a、i_β,再通过按转子磁场定向旋转变换,等效成同步旋转坐标系下的直流电流 IM、IT(IM 相当于直流电动机的励磁电流,IT 相当于与转矩成正比的电枢电流)。然后模仿直流电动机的控制方法,求得直流电动机的控制量,经过相应的坐标反变换,实现对异步电动机的控制。

矢量控制方法的提出具有划时代的意义。然而在实际应用中,由于转子磁链难以准确观测,系统特性受电动机参数的影响较大,且在等效直流电动机控制过程中所用矢量旋转变换较复杂,使得实际的控制效果难以达到理想分析的结果。

1985 年,德国鲁尔大学的 Dcpenbrock 教授首次提出了直接转矩控制变频技术。该技术在很大程度上解决了上述矢量控制的不足,并以新颖的控制思想、简洁明了的系统结构、优良的动静态性能得到了迅速发展。目前,该技术已成功地应用在电力机车牵引的大功率交流传动上。

直接转矩控制直接在定子坐标系下分析交流电动机的数学模型。控制电动机的磁链和转矩。它不需要将交流电动机转化成等效直流电动机,因而省去了矢量旋转变换中的许多复杂计算;它不需要模仿直流电动机的控制,也不需要为解耦而简化交流电动机的数学模型。

VVVF 变频、矢量控制变频、直接转矩控制变频都是交—直—交变频中的一种。其共同缺点是输入功率因数低,谐波电流大,直流回路需要大的储能电容,再生能量又不能反馈回电网,即不能进行四象限运行。为此,矩阵式交—交变频应运而生。由于矩阵式交—交变频省去了中间直流环节,从而省去了体积大、价格贵的电解电容。它能实现功率因数为 1,输入电流为正弦且能四象限运行,系统的功率密度大。该技术目前虽尚未完全成熟,但仍吸引着众多的学者深入研究。

1.4 变频器的发展趋势

变频器是利用电力半导体器件的通断作用将工频电源变换为另一频率的电能控制装置,能实现对交流异步电机的软起动、变频调速、提高运转精度、改变功率因数、过流/过压/过载保护等功能。变频器是运动控制系统中的功率变换器。当今的运动控制系统包含多种学科的技术领域，总的发展趋势是：驱动的交流化、功率变换器的高频化、控制的数字化、智能化和网络化。因此，变频器是运动控制系统的重要功率变换部件，并因变频器能提供可控的高性能变压、变频的交流电而在交流传动领域得以迅猛发展。

变频器经历了大约 30 年的研发与应用实践，随着新型电力、电子器件和高性能微处理器的应用及控制技术的发展，变频器的性能价格比越来越高，体积越来越小，而厂家仍然在不断地提高变频器的可靠性，以实现变频器的进一步小型轻量化、高性能化、多功能化及无公害化等。衡量一台变频器性能的优劣：一要看其输出交流电压的谐波对负载的影响；二要看对电网的谐波污染和输入功率因数；三要看本身的能量损耗（即效率）。

1. 变频器主电路开关元件

目前，低压小容量变频器普遍采用的功率开/关器件是功率 MOSFET、IGBT（绝缘栅双极型晶体管）和 IPM（智能功率模块）。中压大容量变频器采用的功率开关器件有：GTO（门极可关断晶闸管）、IGCT（集成门极换流晶闸管）、SGCT（对称门极换流晶闸管）、IEGT（注入增强栅晶体管）和高压 IGBT。由于新型开关元件的应用，使开关频率不断提高，开关损耗进一步降低。变频器主电路开关元件的发展方向是：自关断化、模块化、集成化及智能化。

2. 变频器主电路的拓扑结构

目前，变频器主电路的拓扑结构为：变频器的网侧变流器对于低压、小容量的常采用 6 脉冲变流器；对中压、大容量的常采用多重化 12 脉冲以上的变流器；负载侧变流器对低压、小容量的常采用两电平的桥式逆变器；对中压、大容量的采用多电平逆变器。值得注意的是：对于四象限运行的传动系统，为实现变频器再生能量向电网回馈而节约能量，网侧变流器应为可逆变流器。而功率可双向流动的双 PWM 变频器，对网侧变流器加以适当控制可使输入电流接近正弦波，并使系统的功率因数接近于 1，减少对电网的公害。

公用直流母线技术的采用，使由多台电动机（或多轴）构成的传动系统能量得以更好地利用，提高系统的整体运行效率，并可降低变频器本身的价格。公用直流母线也分再生型和非再生型。探索采用谐振直流环技术使变频器的功率开关工作在软开关状态，可使器件损耗进一步下降，开关频率也可进一步提高，因电压和电流尖峰引起的 EMI 问题也得到有效抑制，故也可取消缓冲电路。

3. 变频器的控制方式

变频器的控制方式正由标量控制（V/F 控制和转差频率控制）向高动态性能的矢量控制和直接转矩控制发展。微处理器技术的进步使数字控制成为现代控制器的发展方向，数字控制使硬件简化。柔性的控制算法使控制具有很大的灵活性，可实现复杂控制规律，使现代控制理论在运动控制系统中应用成为现实，易于与上层系统连接进行数据传输，便于故障诊断，加强保护和监视功能，使系统智能化（如有些变频器具有自调整功能）。

1.5　变频器的功能

变频器已经成为交流异步电动机最理想的调速设备。它的功能与应用主要有以下几个方面：

1. 节能

传统的风机和泵类是用挡板和阀门来调节风量和流量,其拖动电动机在额定电压下工作,功率也为额定功率。风机和泵类负载采用变频器调速以后,当用户需要的风量或液体流量较小时,采用变频器将风机或泵的转速控制在较低的转速范围,此时电动机在低电压下工作,实际功率远小于电动机额定功率。节电效果十分显著,节电可达 20%～60%。

据有关资料表明,风机和泵类电动机的用电量占全国电动机用电量的 30% 左右,占工业用电量的 50%,因此,这类负载使用变频器调速具有非常重要的节能意义。以节能为目的,采用变频器对风机和泵类进行的技术改造,发展非常迅速。全国每年因此而节约电能的数量相当可观,因此在这类负载中变频器应用最多。目前应用比较成熟的有恒压供水系统、各类风机、中央空调等系统的变频调速。近年来,家用电器也开始广泛采用变频技术。变频家电已经成为新一代家用电器的发展趋势。变频器的生产与应用,已成为最具发展前景的高新技术产业之一。

2. 自动控制

变频器的控制核心是微型计算机。目前,变频器已经广泛采用 16 位机或 32 位机实施控制。它具有多种算术和逻辑运算、存储记忆和智能控制功能,所控制的变频器输出频率的精度高达 0.1%～0.01%,而且还具有完善的检测、报警及保护功能,因此,在自动控制系统中获得了广泛应用。

3. 提高产品质量

电气传动控制系统通常由电动机、控制装置和信息装置三部分组成。电气传动关系到控制运行状态、合理使用电动机和节能,以实现电能与机械能的高效转换。如今变频技术和变频器已经成为提高工业产品质量的有效手段之一,如应用在注塑设备、轧钢设备、造纸设备、灌装设备以及各类机床等中,可使它们的产品质量获得明显提高。

在家电产品的研制与开发中,变频器也得到应用,如应用在家用空调与中央空调设备、电梯设备、洗衣机、冰箱、电磁炉等中,可降低设备的噪声,延长设备的使用寿命,使设备控制方便,使用效率明显提高。

1.6 我国变频器应用范围及市场分析

自上世纪 80 年代被引进中国以来,变频器作为节能应用与速度工艺控制中越来越重要的自动化设备,得到了快速发展和广泛的应用。在电力、纺织与化纤、建材、石油、化工、冶金、市政、造纸、食品饮料、烟草等行业以及公用工程(中央空调、供水、水处理、电梯等)中,变频器都在发挥着重要作用。变频器主要用于交流电动机(异步电机或同步电机)转速的调节,是公认的交流电动机最理想、最有前途的调速方案,除了具有卓越的调速性能之外,变频器还有显著的节能作用,是企业技术改造和产品更新换代的理想调速装置。

(1)变频器与节能

变频器产生的最初用途是速度控制,但目前在国内应用较多的是节能。中国是能耗大国,能源利用率很低,而能源储备不足。在 2003 年的中国电力消耗中,60%～70%为动力电,而在总容量为 5.8 亿千瓦的电动机总容量中,只有不到 2000 万千瓦的电动机是带变频控制的。据分析,在中国,带变动负载、具有节能潜力的电机至少有 1.8 亿千瓦。因此国家大力提倡节能措施,并着重推荐了变频调速技术。

应用变频调速,可以大大提高电机转速的控制精度,使电机在最节能的转速下运行。以风机水泵为例,根据流体力学原理,轴功率与转速的三次方成正比。当所需风量减少,风机转速降低时,其功率按转速的三次方下降。因此,精确调速的节电效果非常可观。与此类似,许多变动负载电机一般按最大需求来生产电动机的容量,故设计裕量偏大。而在实际运行中,轻载运行的时间所占比例却非常高。如采用变频调速,可大大提高轻载运行时的工作效率。因此,变动负载的节能潜力巨大。

以节能为目的的变频器广泛应用于电力、冶金、石油、化工、市政、中央空调、水处理等行业。以电力行业为例,由于中国大面积缺电,电力投资将持续增长;同时,国家电改方案对电厂的成本控制提出了要求,降低内部电耗成为电厂关注焦点。因此变频器在电力行业有着巨大的发展潜力,尤其是高压变频器和大功率变频器。研究显示,仅电力行业,2003 年的变频器市场规模就达到了 2.5 亿元。因此,变频器的节能应用前景非常广阔。

(2) 变频器与工艺控制(速度控制)

目前,中国的设备控制水平与发达国家相比还比较低,制造工艺和效率都不高,因此提高设备控制水平至关重要。由于变频调速具有调速范围广、调速精度高、动态响应好等优点,在许多需要精确速度控制的应用中,变频器正在发挥着提升工艺质量和生产效率的显著作用。

以纺织行业为例,中国具有世界最大的纺织产品生产能力,市场范围遍及全球,产业规模庞大。纺织与化纤行业也是变频器应用最多、使用密度最高的行业。在最常见的化纤机械设备中,选用变频器的设备有螺杆挤出机、纺丝机和后加工机等。选用变频器较多的棉纺设备主要有细纱机、粗纱机、精梳机等。这些设备都要求精确速度控制、多单元同步传动或比例同步(牵伸)传动等。应用变频器可以提高工艺要求、提升产品质量,同时减轻了人工的劳动强度、提高了生产效率,可以说,变频器是纺织行业增强国际竞争能力的重要装备。市场调查显示,2003 年变频器在纺织与化纤行业的市场规模超过了 10 亿元。

此外,在食品、饮料、包装、造纸、机床、电梯等行业,国内的企业需要扩大生产规模,提高生产技术,因此变频器的应用前景和发展潜力都不可小觑。

(3) 变频家电

除了工业相关行业,在普通家庭中,节约电费、提高家电性能、保护环境等因素受到越来越多的关注,变频家电成为变频器的另一个广阔市场和应用趋势。带有变频控制的冰箱、洗衣机、家用空调等,在节电、减小电压冲击、降低噪音、提高控制精度等方面有很大的优势。目前,中国是世界上最主要的家电供应国,但家电采用变频器的比例很低,而在日本,90%以上的家电是变频控制。据调查,2003 年,中国的变频家电同比增长超过 200%,但体现在市场中的变频家电并不多见,因此,变频家电具有非常好的发展潜力。

(4) 前景广阔的中国变频器市场

变频器在我国经过了 20 余年的高速发展,无论从行业规模、应用领域,还是产品自身的功能、集成度和系统化程度都有了质的飞跃,其市场规模也从 1993 年的 4 亿元、1999 年的

28 亿元,增长到了 2008 年的接近 140 亿元及 2010 年的突破 200 亿元。

目前,我国变频器市场仍处于一个较为快速的增长时期,并在冶金、水泥、印刷、电梯、电力、化工、医疗、机械、交通、通讯、建材等行业得到了广泛应用。2011 年,我国整个变频器市场的增长率在 13.5%左右。

习题 1

1. 什么叫变频技术?
2. 什么叫变频器?
3. 学习变频技术的意义是什么?
4. 变频技术有哪几种类型?
5. 简述变频技术的发展历程。
6. 变频技术的发展方向如何?

第 2 章　常用电力电子器件

学习目标

1. 掌握晶闸管的结构、导通与关断条件。
2. 了解各种电力半导体器件的应用特点。
3. 熟悉智能功率模块的结构与应用。

2.1　电力电子器件概述

用于电能变换和电能控制电路的大功率(通常指电流为数十安至数千安、电压为数百伏以上)半导体器件称为电力电子器件,或称功率电子器件。

1. 电力电子器件具有如下特征

1)电力电子器件一般都工作开关状态,往往用理想开关模型来代替。导通时它的阻抗很小,接近于短路,管压降接近于零,流过它的电流由外电路决定;阻断时它的阻抗很大,接近于开路,流过它的电流几乎为零,而管子两端电压由电源决定。

2)电力电子器件的开关状态往往需要由外电路来控制。即所谓的弱电对强电控制。在主电路和控制电路之间,需要中间电路根据控制电路的信号控制电力电子器件开通和关断,用来控制电力电子器件导通和关断的电路称为驱动电路。

3)处理的电功率大,也就是电力电子器件能够承受高电压和通过大电流。因此电力电子器件的功率损耗通常远远大于信息电子器件,因而为了保证不至于因损耗散发的热量导致器件温度过高而损坏,不仅在器件封装上比较讲究散热设计,而且在其工作时一般都还需要安装散热器。

4)在实际应用中,电力电子器件往往需要由信息电子电路控制,而且两者之间应采取一定的隔离措施。

2. 电力电子器件的分类

1)按照驱动电路加在器件控制端和公共端之间信号的性质,分为以下两类:

(1)电流控制型:通过门极注入或者抽出电流来控制其导通或者关断的器件,属于这类器件的有晶闸管,电力晶体管 GTR、GTO 等。

(2)电压控制型:通过在门极施加一定的电压信号就可以控制其导通与关断的器件,静态时几乎没有门极电流。由于电压控制型器件实际上是通过门极电压在器件内部产生可控的电场来改变流过器件的电流大小和通断状态的,所以又称为场控器件,如 IGBT、

MCT 等。

2) 按照器件内部电子和空穴两种载流子参与导电的情况可分为三类:

(1) 单极型器件:有一种载流子参与导电。此种器件具有输入阻抗高、响应速度快的特点,如 MOSFET、SIT 两种。

(2) 双极型器件:由电子和空穴两种载流子参与导电,此种器件具有通态压降低、阻断电压高、电流容量大的特点,如 GTR、GTO、SITH、IGCT 等。

(3) 复合型器件:由单极型器件和双极型器件混合而成的器件。该器件兼备了两者的优点,如 IGBT、MCT、IEGT 等。

3) 按照器件的可控性又可将电力半导体器件分为不可控型、半控型和全控型三种。

(1) 不可控型:如电力二极管,其特点是由电源主回路控制其通断状态。

(2) 半控型:如普通晶闸管,其特点是由触发信号控制其导通,但需由主回路的外部条件(负电压和小于维持电流)控制关断,通常采用换相电压的自然关断或强迫关断方法。

(3) 全控型:如电力开关器件,其特点是由触发信号控制导通和关断两种状态。包括可关断晶闸管(GTO)、大功率双极型晶体管(BJT)、MOS 场效应晶体管(MOSFET)、绝缘栅双极晶体管(IGBT)、MOS 控制晶闸管(MCT),以及静电感应晶闸管(SITH)和静电感应晶体管(SIT)等。

变频器的核心元件就是电力半导体开关器件。自 1948 年美国贝尔实验室发明第一只晶体管以来,到现代的电力电子器件"智能化开关模缺(IPM)"的应用,使得变频器性能产生了质的飞跃。下面详细介绍几种常用电力半导体开关器件。

2.2　晶闸管(SCR)

晶闸管又称作可控硅整流管,简称可控硅(SCR)。晶闸管包括普通晶闸管及其所有派生器件;快速晶闸管(FST)、双向晶闸管(TRIAC)、逆导晶闸管(RCT)、可关断晶闸管(GTO)和光控晶闸管等。由于普通晶闸管面世早,应用极为广泛,因此无特别说明的情况下所说的晶闸管都为普通晶闸管。

晶闸管具有硅整流器件的特性,能在高电压、大电流条件下工作,且其工作过程可以控制,被广泛应用于可控整流、交流调压、无触点电子开关、逆变及变频等大功率电子电路中。

2.2.1　晶闸管的结构和工作原理

1. 晶闸管的结构

晶闸管是一种大功率 PNPN 四层半导体变流器件,它具有三个引出极,阳极 A、阴极 K 和门极 G(也称控制极)。常用的晶闸管有螺栓式和平板式两种外形,其外形、结构和电气图形符号、文字符号如图 2 - 1 所示。

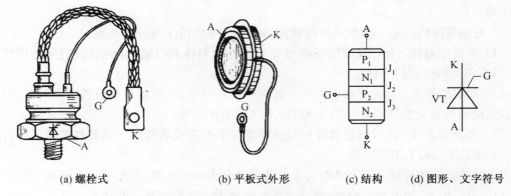

(a) 螺栓式　　　　　(b) 平板式外形　　　(c) 结构　　(d) 图形、文字符号

图 2-1 晶闸管的外形、结构和图形、文字符号

由于大功率晶闸管在工作过程中会因损耗而发热,因此必须安装散热器。螺栓式晶闸管是靠阳极(螺栓)拧紧在铝制散热器上,可自然冷却;平板式晶闸管由两个相互绝缘的散热器把晶闸管紧紧夹在中间,靠冷风冷却。目前额定电流在 200 A 以上的晶闸管,通常都采用平板式结构。常用的晶闸管散热器如图 2-2 所示。

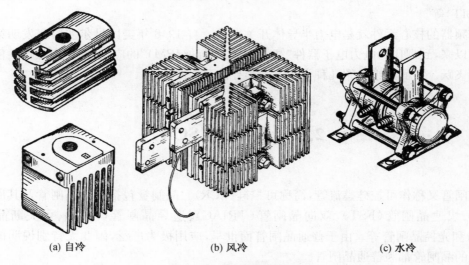

(a) 自冷　　　　　　　(b) 风冷　　　　　　　(c) 水冷

图 2-2　晶闸管的散热器

2. **晶闸管的工作原理**

晶闸管内部是由四层半导体(P_1、N_1、P_2、N_2)组成,如图 2-1(c)所示。由 P_1 引出阳极 A,N_2 引出阴极 K,P_2 引出门极 G,形成 J_1、J_2、J_3 三个 PN 结。当 A、K 之间施加正向电压(阳极高于阴极),则 J_2 处于反向偏置状态,晶闸管处于正向阻断状态,只能流过很小的正向漏电流。当 A、K 之间施加反向电压时,J_1 和 J_2 反偏,晶闸管处于反向阻断状态,仅有极小的反向漏电流通过。

1) **晶闸管的导通**

晶闸管导通的工作原理可以用晶闸管的等效电路——双晶体管模型来解释,如图 2-3 所示。将晶闸管可以看作由一个 $P_1N_1P_2$ 和 $N_1P_2N_2$ 构成的两个晶体管 V_1、V_2 组合而成。当晶闸管承受正向阳极电压,而门极未施加电压的情况下,$I_G = 0$,晶闸管处于正向阻断状态。如果门极施加正向电压且门极注入电流 I_G 足够大时，I_G 流入晶体管 V_2 的基极，即产生集电极电流 $I_{C2}(\approx I_K)$，I_{C2} 同时又是晶体管 V_1 的基极电流，经 V_1 放大成集电极电流 $I_{C1}(\approx I_A)$，I_{C1} 又进一步增大 V_2 的基极电流，如此形成强烈的正反馈，使 V_1 和 V_2 迅速进入完全饱和状态，即晶闸管导通。其正反馈过程如下：

$$I_G \uparrow - I_{B2} \uparrow \rightarrow I_{C2}(\approx \beta_2 I_{B2}) \uparrow \rightarrow I_{B1} \uparrow \rightarrow I_{C1}(\approx \beta_1 I_{B1}) \uparrow$$

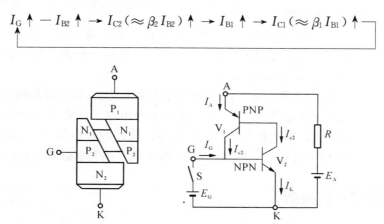

图 2-3　晶闸管工作原理

当晶闸管导通后，即使 $I_G=0$，因 I_{C1} 直接流入 V_2 的基极，晶闸管内部已形成了强烈的正反馈会仍然维持导通状态。

2）晶闸管的关断

晶闸管导通后，由于内部正反馈的作用，即使门极电压降为零或为负值，也不能使管子关断，即门极在晶闸管导通后就失去控制作用，要使导通的管子关断，只有通过外电路降低管子的阳极所加的正向电压或给阳极施加反压，从而减小阳极电流，当阳极电流减小到低于某一数值（该数值一般为几十毫安）时，管子内部的正反馈已无法维持，晶闸管才能关断。我们把晶闸管导通时能维持晶闸管导通的最小阳极电流称为维持电流，用 I_H 表示。

由于晶闸管的门极只能控制其开通，不能控制其关断，所以晶闸管才被称为半控型器件。

综上所述，可得出如下结论：

（1）晶闸管承受反向阳极电压时，不管门极加不加电压及承受何种电压，晶闸管都处于关断状态。即晶闸管具有反向阻断能力。

（2）晶闸管承受正向阳极电压而门极不加触发电压时，晶闸管仍处于阻断状态，即晶闸管具有正向阻断能力。正向阻断特性是一般二极管所不具备的。

（3）晶闸管导通的条件是：阳极加正向电压的同时门极加足够大的触发电压。

需要注意的是，如果门极触发电压不够大，则不会产生足够大的触发电流，也就不会使管子触发导通。

（4）晶闸管在导通情况下，只要有一定的正向阳极电压，不论门极电压如何，晶闸管总保持导通，即晶闸管导通后，门极失去控制作用。

（5）晶闸管在导通情况下，要使晶闸管关断只有设法使管子的阳极电流减小到维持电流 I_H 以下，可通过减小阳极电压来实现。为保证晶闸管迅速可靠地关断，通常在管子的阳极电压降为零后再给阳极加一段时间的反向电压。

使晶闸管触发导通的方法很多,归纳为以下几种方法:

(1) 门极加触发电压　这是一种最通用最有效的方法。

(2) 阳极加较大电压　当阳极电压足够大时,J_2在强电压作用下,漏电流会急剧增大形成雪崩效应,又通过正反馈放大漏电流,最终使晶闸管导通。但这种方法很容易导致晶闸管损坏,且不易控制,因此很少采用。

(3) 阳极电压上升率 du/dt 作用　如果阳极电压上升很快即 du/dt 很大,就会在 J_2 电容中产生位移电流 $i=Cdu/dt$,使发射极电流增大,最终使晶闸管导通。过大的 du/dt 会使晶闸管损坏,因此要采取保护措施限制 du/dt。

(4) 温度作用　在较高的温度作用下,晶闸管中漏电流增大,可引起晶闸管导通。

(5) 光触发　当光照射在硅片上,会在硅片中产生自由电子空穴对,在电场作用下,产生的电流可触发晶闸管导通。用光触发的晶闸管是专门设计的光控晶闸管,常用在高压直流输电中,使用时把器件用串并联方法连接起来,从而保证了控制电路和主电路的良好绝缘。

2.2.2　晶闸管的检测

对于晶闸管的三个电极,可从外观判断也可用万用表来测量并粗测其好坏。根据元件内部的三个 PN 结可知,阳极与阴极间、阳极与门极间的正反向电阻均应在数百千欧以上,门极与阴极间的电阻通常为几十到几百欧,因元件内部门阴极间有旁路电阻,通常正反向阻值相差很小。注意:在测门极与阴极间的电阻时,不能使用万用表的高阻(10 k)挡,以防表内高压电池击穿门极的 PN 结。至于元件能否可靠触发导通,可用直流电源串联电灯与晶闸管,当门极与阳极接触一下后,如管子导通灯亮,则说明管子是可触发的。

晶闸管的伏安特性是晶闸管阳极与阴极间的电压 U_{AK} 和阳极电流 I_A 之间的关系特性。图 2-4 所示即为晶闸管阳极伏安特性曲线,包括正向特性(第一象限)和反向特性(第三象限)两部分。

晶闸管的正向特性又有阻断状态和导通状态之分。在正向阻断状态时,晶闸管的伏安特性是一组随门极电流 I_G 的增加而不同的曲线簇。当 $I_G=0$ 时,逐渐增大阳极电压 U_A,只有很小的正向漏电流,晶闸管正向阻断;随着阳极电压的增加,当达到正向转折电压 U_{BO} 时,漏电流突然剧增,晶闸管由正向阻断突变为正向导通状态。这种在 $I_G=0$ 时,依靠增大阳极电压而强迫晶闸管导通的方式称为"硬开通"。多次"硬开通"会使晶闸管损坏,因此正常情况下是不允许的。

随着门极电流 I_G 的增大,晶闸管的正向转折电压 U_{BO} 迅速下降,当 I_G 足够大时,晶闸管的正向转折电压降至极小,此时晶闸管像整流二极管一样,只要很小的正向阳极电压就能使晶闸管导通,我们称这种导通为触发导通。导通后的晶闸管的伏安特性与二极管的正向特性相似,即流过管子的阳极电流大,而晶闸管的正向压降很小。

晶闸管正向导通后,要使晶闸管恢复阻断,只有逐步减小阳极电流 I_G,当 I_G 下降到小于维持电流 I_H(维持晶闸管导通的最小电流)时,晶闸管由正向导通状态变为正向阻断状态。

图 2-4 中各物理量的含义如下:

U_{DRM}、U_{RRM}——正、反向断态重复峰值电压;

U_{DSM}、U_{RSM}——正、反向断态不重复峰值电压;

U_{BO}——正向转折电压；

U_{RO}——反向击穿电压。

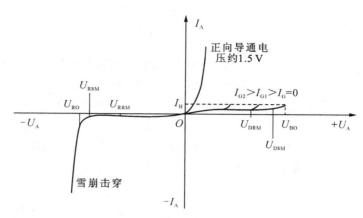

图 2 - 4　晶闸管阳极伏安特性曲线

晶闸管的反向特性与一般二极管的反向特性相似。在正常情况下,当承受反向阳极电压时,晶闸管总是处于阻断状态,只有很小的反向漏电流流过。当反向电压增加到一定值时,反向漏电流增加较快,再继续增大反向阳极电压会导致晶闸管反向击穿,造成晶闸管永久性损坏,这时对应的电压为反向击穿电压 U_{RO}。

2.2.3　晶闸管的主要参数

1. 正、反向断态重复峰值电压 U_{DRM}

在控制极断路和晶闸管正向阻断的条件下,可重复加在晶闸管两端的正向峰值电压称为正向重复峰值电压 U_{DRM}。一般规定此电压为正向转折电压 U_{BO} 的 80%。

2. 反向重复峰值电压 U_{RRM}

在控制极断路时,可以重复加在晶闸管两端的反向峰值电压称为反向重复峰值电压 U_{RRM}。此电压取反向击穿电压 U_{RO} 的 80%。

3. 额定电压

通常取晶闸管的 U_{DRM} 和 U_{RRM} 中较小的那个标值作为晶闸管型号中的额定电压。而在实际选用时,一般取正常工作时晶闸管在电路中所承受峰值电压的 2~3 倍并取标值后,作为所选管子的额定电压。

4. 额定电流 $I_{\text{T(AV)}}$

晶闸管的额定电流用通态平均电流来表示,通态平均电流 $I_{\text{T(AV)}}$ 是在环境温度为 40 ℃和规定的冷却条件下,晶闸管在电阻性负载的单相工频正弦半波电路中,导通角不小于 170°,稳定结温不超过额定结温时所允许流过的最大通态平均电流。同电力二极管一样,额定电流是按照正向电流造成的器件本身的通态损耗的发热效应来定义的。因此在使用时同样应按照实际电流波形的电流与通态平均电流所造成的发热效应相等,即有效值相等的原则来选择晶闸管的额定电流。由于晶闸管的电流过载能力比一般电机、电器要小得多,因此在选用晶闸管额定电流时,根据实际最大的电流计算后至少要乘以 1.5~2 的安全系数,使

其有一定的电流裕量。设 I_T 为正弦半波电流的有效值,则

$$I_{T(AV)} = (1.5 \sim 2)\frac{I_T}{1.57} \qquad\qquad (1-1)$$

5. 维持电流 I_H

I_H 是在室温和控制极开路时,晶闸管由较大的通态电流降至维持导通所必需的最小阳极电流。维持电流大的晶闸管容易关断。维持电流与元件容量、结温等因素有关,同一型号的元件其维持电流也不相同。通常在晶闸管的铭牌上标明了常温下 I_H 的实测值。

6. 掣住电流 I_L

I_L 是晶闸管从阻断状态转为导通状态时移去触发电压后,维持晶闸管导通所需要的最小阳极电流。对同一晶闸管来说,掣住电流 I_L 要比维持电流 I_H 大 2～4 倍。

7. 晶闸管的开通与关断时间

晶闸管作为无触点开关,在导通与阻断两种工作状态之间的转换并不是瞬时完成的,而需要一定的时间。当元件的导通与关断频率较高时,就必须考虑这种时间的影响。

1) 开通时间 t_{gt}

一般规定:从门极电流阶跃开始,到阳极电流上升到稳态值的 10%,这段时间称为延迟时间 t_d,与此同时晶闸管的正向压降也在减小。阳极电流从 10% 上升到稳态值的 90% 所需的时间称为上升时间 t_r,开通时间 t_{gt} 定义为两者之和,即 $t_{gt} = t_d + t_r$。

普通晶闸管的延迟时间为 $0.5 \sim 1.5\ \mu s$,上升时间为 $0.5 \sim 3\ \mu s$。其延迟时间随门极电流的增大而减小。上升时间除反映晶闸管本身特性外,还受到外电路电感的严重影响。因此,为了缩短开通时间,常采用实际触发电流比规定触发电流大 3～5 倍、前沿陡的窄脉冲来触发,称为强触发。另外,如果触发脉冲不够宽,晶闸管就不可能触发导通。一般说来,要求触发脉冲的宽度稍大于 t_{gt},以保证晶闸管的可靠触发。

2) 关断时间 t_q

晶闸管导通时,内部存在大量的载流子。晶闸管的关断过程是:当阳极电流刚好下降到零时,晶闸管内部各 PN 结附近仍然有大量的载流子未消失,此时若马上重新加上正向电压,晶闸管仍会不经触发而立即导通,只有再经过一定时间,待元件内的载流子通过复合而基本消失之后,晶闸管才能完全恢复正向阻断能力。我们把晶闸管从正向阳极电流下降为零到它恢复正向阻断能力所需的这段时间称为关断时间 t_q。

晶闸管的关断时间与元件结温、关断前阳极电流的大小以及所加反压的大小有关。普通晶闸管的 t_q 约为几十到几百微秒。

8. 通态电流临界上升率 di/dt

门极流入触发电流后,晶闸管开始只在靠近门极附近的小区域内导通,随着时间的推移,导通区才逐渐扩大到 PN 结的全部面积。如果阳极电流上升得太快,则会导致门极附近的 PN 结因电流密度过大而烧毁,使晶闸管损坏。因此,对晶闸管必须规定允许的最大通态电流上升率,称为通态电流临界上升率 di/dt。

9. 断态电压临界上升率 du/dt

晶闸管的结面积在阻断状态下相当于一个电容,若突然加一正向阳极电压,便会有一个充电电流流过结面,该充电电流流经靠近阴极的 PN 结时,产生相当于触发电流的作用,如

果这个电流过大,将会使元件误触发导通,因此对晶闸管还必须规定允许的最大断态电压上升率。我们把在规定条件下,晶闸管直接从断态转换到通态的最大阳极电压上升率称为断态电压临界上升率 $\mathrm{d}u/\mathrm{d}t$。

2.2.4 晶闸管的型号及简单测试方法

1. 晶闸管的型号

根据原机械工业部颁布发的标准 JB1144—75 规定,KP 系列普通硅晶闸管的型号及含义如图 2-5 所示。

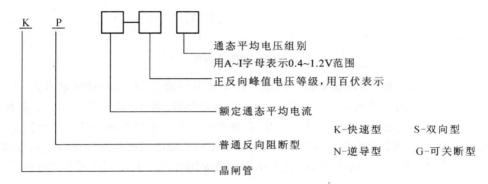

图 2-5 晶闸管型号的含义

如 KP5—7E 表示额定电流为 5 A、额定电压为 700 V 的普通晶闸管。

2. 晶闸管的简单测试

对于晶闸管的三个电极,可以用万用表粗测其好坏。依据 PN 结单向导电原理,用万用表欧姆挡测试元件的三个电极之间的阻值,可初步判断管子是否完好。如用万用表 R× 1 kΩ 挡测量阳极 A 和阴极 K 之间的正、反向电阻都很大,在几百千欧以上,且正、反向电阻相差很小;用 R×10 Ω 或 R×100 Ω 挡测量控制极 G 和阴极 K 之间的阻值,其正向电阻应小于或接近于反向电阻,这样的晶闸管是好的。如果阳极与阴极或阳极与控制极间有短路,阴极与控制极间为短路或断路,则晶闸管是坏的。

2.2.5 晶闸管的派生系列

1. 快速晶闸管

快速晶闸管的外形、符号、基本结构和伏安特性与普通晶闸管相同,但它专为快速应用而设计。快速晶闸管的开通与关断时间短,允许的电流上升率高,开关损耗小,在规定的频率范围内可获得较平直的电流波形。从关断时间来看,普通晶闸管一般为数百微秒,快速晶闸管为数十微秒,而高频晶闸管则为 10 微秒左右。与普通晶闸管相比,高频晶闸管的不足在于其电压和电流定额都不易做高。由于工作频率较高,选择快速晶闸管和高频晶闸管的通态平均电流时不能忽略其开关损耗的发热效应。

2. 双向晶闸管

双向晶闸管可被认为是一对反并联连接的普通晶闸管的集成。图 2-6 所示为它的基本结构、等效电路及伏安特性。双向晶闸管有两个主电极 T_1 和 T_2，一个门极 G。门极使器件在主电极的正、反两个方向均可触发导通，因此双向晶闸管在第一和第三象限有对称的伏安特性。

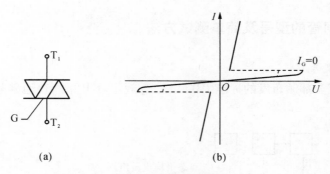

图 2-6　双向晶闸管

双向晶闸管门极加正、负触发脉冲都能使管子触发导通，因此有四种触发方式：I＋、I一表示 T_1、T_2 间加正向电压时，正、负脉冲能触发晶闸管导通；Ⅲ＋、Ⅲ一表示 T_1、T_2 间加反向电压时，正、负脉冲能触发晶闸管导通。双向晶闸管与一对反并联晶闸管相比是经济的，而且控制电路比较简单，所以在交流调压电路、固态继电器和交流电动机调速等领域应用较多。由于双向晶闸管通常用在交流电路中，因此不用平均值而用有效值来表示其额定电流值。

3. 逆导晶闸管

逆导晶闸管是将晶闸管反并联一个二极管制作在同一管芯上的功率集成器件，这种器件不具有承受反向电压的能力，一旦承受反向电压即开通。其电气图形符号和伏安特性如图 2-7 所示。与普通晶闸管相比，逆导晶闸管具有正向压降小、关断时间短、高温特性好和额定结温高等优点，可用于不需要阻断反向电压的电路中。逆导晶闸管的额定电流有两个，一个是晶闸管电流，一个是与之反并联的二极管的电流。

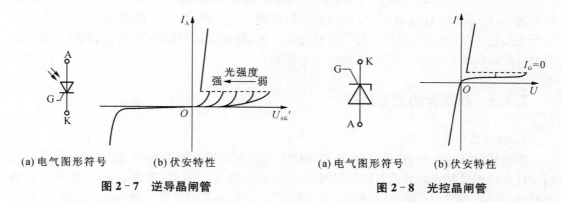

(a) 电气图形符号　　(b) 伏安特性　　　　　　(a) 电气图形符号　　(b) 伏安特性

图 2-7　逆导晶闸管　　　　　　　　　图 2-8　光控晶闸管

4. 光控晶闸管

光控晶闸管又称光触发晶闸管，是利用一定波长的光照信号触发导通的晶闸管，其电气图形符号和伏安特性如图 2-8 所示。小功率光控晶闸管只有阳极和阴极两个端子，大功率光控晶闸管则还带有光缆，光缆上装有作为触发光源的发光二极管或半导体激光器。由于采用光触发保证了主电路与控制电路之间的绝缘，而且可以避免电磁干扰的影响，因此光控晶闸管目前在高压大功率的场合,如高压直流输电和高压核聚变装置中,占据重要的地位。

2.2　可关断晶闸管(GTO)

可关断晶闸管,简称 GTO。它具有普通晶闸管的全部优点,如耐压高(工作电压可高达 6 000 V)、电流大(电流可达 6 000 A)等;是全控型器件,即门极正脉冲信号触发导通、门极负脉冲信号触发关断的特性。它的电气符号如图 2-9(c)所示,也有阳极 A、阴极 K 和门极 G 三个电极。

2.2.1　GTO 的结构

GTO 的工作原理与普通晶闸管相似,其结构也可以等效看成是由 PNP 与 NPN 两个晶体管组成的反馈电路. 如图 2-9(a)、(b)所示。两个等效晶体管的电流放大倍数分别为 α_1 和 α_2。GTO 触发导通的条件是:当它的阳极与阴极之间承受正向电压,门极加正脉冲信号(门极为正,阴极为负)时,可使 $\alpha_1 + \alpha_2 > 1$,从而在其内部形成电流正反馈,使两个等效晶体管接近临界饱和导通状态。其正反馈过程如下:

$$I_G \longrightarrow I_{G2} \longrightarrow I_A \longrightarrow I_{C1}$$

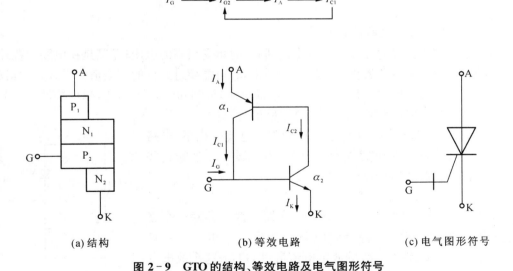

(a) 结构　　　　　　(b) 等效电路　　　　　(c) 电气图形符号

图 2-9　GTO 的结构、等效电路及电气图形符号

2.2.2　GTO 的主要参数

GTO 的基本参数与普通晶闸管大多相同,现将不同的主要参数介绍如下。

1. 最大可关断阳极电流 I_{ATO}

GTO 的最大阳极电流除了受发热温升限制外，还会由于管子阳极电流 I。过大使 $\alpha_1 + \alpha_2$ 稍大于 1 的临界导通条件被破坏，管子饱和加深，导致门极关断失败，因此，GTO 必须规定一个最大可关断阳极电流 I_{ATO}，也就是管子的铭牌电流。I_{ATO} 与管子电压上升率、工作频率、反向门极电流峰值和缓冲电路参数有关，在使用中应予以注意。

2. 关断增益 β_{off}

这个参数是用来描述 GTO 关断能力的。关断增益 β_{off} 为最大可关断阳极电流 I_{ATO} 与门极负电流最大值 I_{GM} 之比，即

$$\beta_{off} = \frac{I_{ATO}}{|-I_{GM}|}$$

因而，一切影响 I_{ATO} 和 I_{GM} 的因素均会影响 β_{off}，大功率 GTO 的关断增益 β_{off} 通常只有 5 左右。β_{off} 低是 GTO 的一个主要缺点。

3. 开通时间 ton

开通时间指延迟时间与上升时间之和。GTO 的延迟时间，一般约 $1\sim2$ μs，上升时间则随阳极电流值的增大而增大。

4. 关断时间 t_{off}

关断时间一般指储存时间和下降时间之和，而不包括尾部时间。GTO 的储存时间随阳极电流的增大而增大，下降时间一般小于 2 μs。

2.2.3　GTO 的缓冲电路

1. GTO 设置缓冲电路的目的

电力电子器件开通时流过很大的电流，阻断时承受很高的电压；尤其是在电路中各种储能元件的能量释放会导致器件经受很大的冲击，有可能超过元件的安全值而导致元件损坏。因此，GTO 设置缓冲电路的目的是：降低浪涌电压；抑制 du/dt 和 di/dt；减少器件的开关损耗；避免器件损坏和抑制电磁干扰；提高电路的可靠性。

在 GTO 关断过程中产生的过电压和阳极电流变化率、电路中元器件连接线的分布电感等参数有关，为了缓冲和吸收这些过电压，可采用缓冲吸收电路。

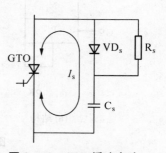

2. 缓冲电路的工作原理

GTO 的缓冲电路如图 2-10 所示，在器件两端并联一个吸收过电压的阻容电路，C_S 将吸收电路中产生的过电压。一旦 GTO 导通，电容 C_S 将有很大的放电电流流过 GTO，这个放电电流的上升率过大时也会损坏器件。为了减小电容器 C_S 中电荷的

图 2-10　GTO 缓冲电路

放电速率，在电容器上串联一个吸收（阻尼）电阻 R_S，此电阻的作用是以 $\tau = R_S C_S$ 的时间常数衰减放电电流，还可阻止 C_S 与电路中电感 L_S 所产生的振荡。在吸收电阻 R_S 的两端又并联了二极管 VDS，这样在吸收过电压时不经过 R_S，以加快对过电压的吸收，而电容 C_S 只能通过电阻 R_S 放电，这样就可以衰减放电电流以保护 GTO。

如果吸收电路元器件的参数选择不当,或连线过长造成分布电感 L_S 过大等,也可能产生严重的过电压。

图 2-11 为 GTO 的几种常见的阻容缓冲电路,图 2-11(a)只能用于小电流电路;图 2-11(b)与图 2-11(c)是较大容量 GTO 电路中常见的缓冲器,其二极管尽量选用快速型、接线短的二极管,这将使缓冲器阻容效果更显著。

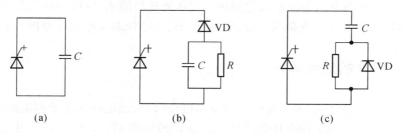

(a)　　　　　　　(b)　　　　　　　(c)

图 2-11　GTO 阻容缓冲电路

2.2.4　GTO 的门极驱动电路

用门极正脉冲可使 GTO 开通,门极负脉冲可以使其关断,这是 GTO 最大的优点,但要使 GTO 关断的门极反向电流比较大,约为阳极电流的 1/5 左右。尽管采用高幅值的窄脉冲可以减少关断所需的能量,但还是要采用专门的触发驱动电路。

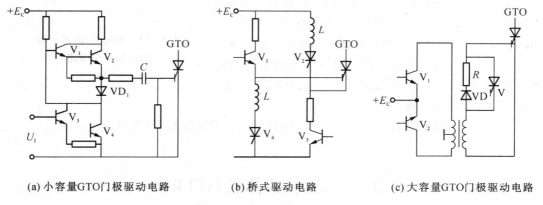

(a) 小容量GTO门极驱动电路　　　(b) 桥式驱动电路　　　(c) 大容量GTO门极驱动电路

图 2-12　GTO 门极驱动电路

图 2-12(a)所示为小容量 GTO 门极驱动电路,属电容储能电路。工作原理是利用正向门极电流向电容充电触发 GTO 导通;当关断时,电容储能释放形成门极关断电流。图中 E_c 是电路的工作电源,U_I 为控制电压。当 $U_I=0$ 时,V_1、V_2 饱和导通,V_3、V_4 截止,电源 E_c 对电容 C 充电,形成正向门极电流,触发 GTO 导通;当 $U_I>0$ 时,V_3、V_4 饱和导通,电容 C 沿 VD_1、V_4 放电,形成门极反向电流,使 GTO 关断,放电电流在 VD_1 上的压降保证了 V_1、V_2 截止。

图 2-12(b)所示为一种桥式驱动电路。当在晶体管 V_1、V_3 的基极加控制电压使它们饱和导通时,GTO 触发导通;当在普通晶闸 V_2、V_4 的门极加控制电压使其导通时,GTO 关

断。考虑到关断时门极电流较大,所以关断时用普通晶闸管组。晶体管组和晶闸管组是不能同时导通的。图中电感 L 的作用是在晶闸管阳极电流下降期间释放所储存的能量,补偿 GTO 的门极关断电流,提高了关断能力。

上述两种触发电路都只能用于 300 A 以下的 GTO 的导通,对于 300 A 以上的 GTO,可用图 2-12(c)所示的触发电路来控制。当 V_1、VD 导通时,GTO 导通;当 V_2、V 导通时,GTO 关断。由于控制电路与主电路之间用了变压器进行隔离,GTO 导通、关断时的电流不影响控制电路,所以提高了电路的容量,实现了用较小电压对大电流电路的控制。

2.2.5　GTO 的应用举例

GTO 主要用于高电压、大功率的直流变换电路(即斩波电路)、逆变器电路中,例如恒压恒频电源(CVCF)、常用的不停电电源(UPS)等。另一类 GTO 的典型应用是调频调压电源,即 VVVF,此电源较多用于风机、水泵、轧机、牵引等交流变频调速系统中。

此外,由于 GTO 的耐压高、电流大、开关速度快、控制电路简单方便,因此还特别适用于汽油机点火系统。图 2-13 所示为一种用电感、电容关断 GTO 的点火电路。

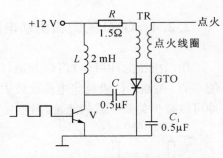

图 2-13　用电感、电容关断 GTO 的点火电路

图中 GTO 为主开关,控制 GTO 导通与关断即可使脉冲变压器 TR 次级产生瞬时高压,该电压使汽油机火花塞电极间隙产生火花。在晶体管 V 的基极输入脉冲电压,低电平时,V 截止,电源对电容 C 充电,同时触发 GTO。由于 L 和 C 组成 LC 谐振电路,C 两端可产生高于电源的电压。脉冲电压为高电平时,晶体管 V 导通,C 放电并将其电压加于 GTO 门极,使 GTO 迅速、可靠地关断。

图中 R 为限电流电阻,C_1(0.5 μF)与 GTO 并联,可限制 GTO 的电压上升率。

2.3　功率晶体管(GTR)

双极型功率晶体管 GTR 是一种耐高电压、大电流的双极结型晶体管,它是一种全控型电力电子器件,具有控制方便、开关时间短、高频特性好、价格低廉等优点。目前 GTR 的容量已达 400 A/1 200 V、1 000 A/400 V,工作频率可达 5 kHz,模块容量可达 1 000 A/1 800 V,频率为 30 kHz,因此也可被用于不停电电源、中频电源和交流电机调速等电力变流装置中。

2.3.1　GTR 的结构

与普通的双极型晶体管基本原理一样,GTR 是由三层半导体材料两个 PN 结组成,有

PNP 和 NPN 两种结构。如图 2-14 所示。

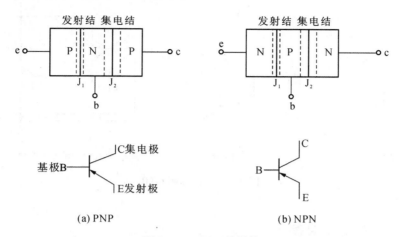

图 2-14　GTR 的结构

GTR 是电流控制型器件,常用的是 NPN 型,其工作在正偏($I_B>0$)时大电流导通;反偏($I_B<0$)时处于截止状态。在电力电子技术应用中,GTR 大多工作在功率开关状态,对其要求与小信号晶体管有所不同,主要是:足够的容量、适当的增益、较高的开关速度和较低的功率损耗等。

由于 GTR 的工作电流和功耗大,工作时出现与小信号晶体管不同的新问题,称为 GTR 的大电流效应。GTR 的大电流效应会造成其电流增益下降,特征频率减小和电流局部集中而导致的局部过热,这将严重地影响 GTR 的品质,甚至使 GTR 损坏。为了削弱上述物理效应的影响,必须在结构和制造工艺上采取适当的措施,以满足大功率应用的需要。

目前 GTR 器件的结构有单管、达林顿管和达林顿晶体管模块三大系列。单管 GTR 的电流增益较低,而达林顿结构是提高电流增益的有效方式。

达林顿结构的 GTR 由两个或多个晶体管复合而成,可以是 PNP 型也可以是 NPN 型,其类型由驱动管决定。图 2-15(a)表示两个 NPN 晶体管组成的达林顿结构,V_1 为驱动管,V_2 为输出管,属 NPN 型;图 2-15(b)的驱动管 V_1 为 PNP 晶体管,输出管 V_2 为 NPN 晶体管,故属 PNP 型。与单管 GTR 相比,达林顿结构提高了电流增益,但饱和压降增加。这是因为 V_1 管的集电极电位永远高于它的发射极电位,使 V_2 管的集电结不会处于正向偏置状态,输出管 V_2 也就不会饱和,从而使达林顿 GTR 的饱和压降较大,增加了导通损耗。又因其开通或关断时总是先驱动管动作,然后才输出管动作,导致开关时间增加。

实用达林顿电路是将达林顿结构的 GTR、稳定电阻 R_1、R_2、加速二极管 VD_1 和续流二极管 VD_2 等制作在一起,如图 2-15(c)所示。R_1 和 R_2 提供反向电流通路,以提高复合管的温度稳定性;加速二极管 VD_1 的作用是在输入信号反向关断 GTR 时,反向驱动信号经 VD_1 迅速加到 V_2 基极,加速 GTR 关断过程。

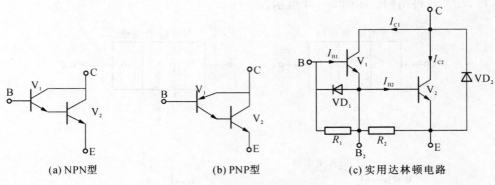

(a) NPN型   (b) PNP型   (c) 实用达林顿电路

图 2－15 达林顿 GTR

2.3.2 GTR 的主要参数

1. 电流放大倍数 β

电流放大倍数 β 定义为 GTR 的集电极电流 i_c 与基极电流 i_b 之比,即 $\beta = i_c / i_b$。

2. 集电极最大电流 I_{CM}(最大电流额定值)

一般将电流放大倍数 β 下降到额定值的 1/2～1/3 时集电极电流 I_c 的值定为 I_{CM}。因此,通常 I_c 的值只能到 I_{CM} 值的一半左右,使用时绝不能让 I_c 值达到 I_{CM},否则 GTR 的性能将变坏。

3. 集电极最大耗散功率 P_{CM}

P_{CM} 是指 GTR 在最高集电结温度下允许的耗散功率,它等于集电极工作电压与集电极工作电流的乘积。这部分能量转化为热能使管温升高,在使用中要特别注意 GTR 的散热。如果散热条件不好,会促使 GTR 的平均寿命下降。实践表明,工作温度每增加 20 ℃,平均寿命差不多下降一个数量级,有时会因温度过高而使 GTR 迅速损坏。

4. GTR 的反向击穿电压

1) 集电极与基极之间的反向击穿电压 U_{CBO}

当发射极开路时,集—基极间能承受的最高电压。

2) 集电极与发射极之间的反向击穿电压 U_{CEO}

当基极开路时,集—射极间能承受的最高电压。

当 GTR 的电压超过某一定值时,管子性能会发生缓慢、不可恢复的变化,这些微小变化逐渐积累,最后导致管子性能显著变坏。因此,实际管子的最大工作电压应比反向击穿电压低得多。

3) 最高结温 T_{jM}

GTR 的最高结温与半导体材料的性质、器件制造工艺、封装质量有关。一般情况下,塑封硅管的 T_{jM} 为 125 ℃～150 ℃,金封硅管的 T_{jM} 为 150 ℃～170 ℃,高可靠平面管的 T_{jM} 为 175 ℃～200 ℃。

5. GTR 的二次击穿现象和安全工作区

处于工作状态的 GTR,当其集电极反偏电压逐渐增大到击穿电压时,集电极电流迅速增大,这时首先出现的击穿是雪崩击穿,被称为一次击穿,如图 2-16 所示。发生一次击穿时,只要 I_C 不超过与最大允许耗散功率相对应的限度,一般不会引起 GTR 的特性变坏。但如果继续增大 U_{CE},又不限制 I_C 的增长,则当 I_C 上升到 A 点(临界值)时会突然急剧上升,同时伴随着 U_{CE} 突然下降,这种现象称为二次击穿。二次击穿常常立即导致器件的永久损坏,或工作特性明显恶化,因而对 GTR 危害极大。

GTR 发生二次击穿损坏是它在使用中最大的弱点。但要发生二次击穿,必须同时具备三个条件:高电压、大电流和持续时间。因此,集电极电压、电流、负载性质、驱动脉冲宽度与驱动电路配置等因素都会对二次击穿造成一定的影响。一般说来,工作在正常开关状态的 GTR 是不会发生二次击穿现象的。

将不同基极电流下二次击穿的临界点连接起来,就构成了二次击穿临界线,临界线上的点反映了二次击穿功率 P_{SB}。这样,GTR 工作时不仅不能超过最高电压 U_{CEM}、集电极最大电流 I_{CM} 和最大耗散功率 P_{CM},也不能超过二次击穿临界线。这些限制条件就规定了 GTR 的安全工作区,如图 2-17 中的阴影区所示。

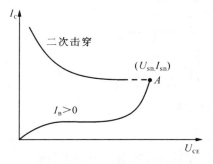

图 2-16　二次击穿示意图

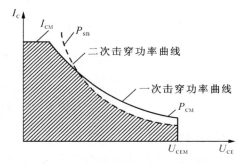

图 2-17　GTR 安全工作区

2.3.3　GTR 的基极驱动电路

1. 基极驱动电路

GTR 基极驱动电路的作用是将控制电路输出的控制信号放大到足以保证 GTR 可靠导通和关断的程度。基极驱动电流的各项参数直接影响 GTR 的开关性能,因此根据主电路的需要正确选择和设计 GTR 的驱动电路是非常重要的。一般来说,我们希望基极驱动电路有如下功能:

1) 提供全程的正、反向基极电流,以保证 GTR 可靠导通与关断,理想的基极驱动电流波形如图 2-18 所示。

2) 实现主电路与控制电路的隔离。

3) 具有自动保护功能,以便在故障发生时快速自动切除驱动信号,避免损坏 GTR。

4) 电路尽可能简单,工作稳定可靠,抗干扰能力强。

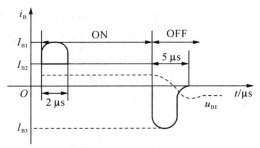

图 2-18　理想的基极驱动电流波形

2. GTR 驱动电路

GTR 驱动电路的形式很多,下面介绍双电源驱动电路,以供参考。

电路如图 2-19 所示,驱动电路与 GTR(V_6)直接耦合,控制电路用光耦合实现电隔离,正、负电源($+U_{c2}$。和$-U_{c3}$)供电。当输入端 S 为低电位时,V_1~V_3导通,V_4、V_5截止,B 点电压为负,给 GTR 基极提供反向基极电流,此时 GTR(V_6)关断。当 S 端为高电位时,V_1~V_3截止,V_4、V_5导通,V_6流过正向基极电流,此时 GTR 开通。

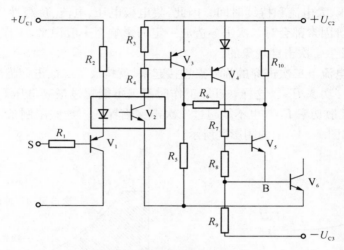

图 2-19　双电源驱动电路

3. GTR 的应用

GTR 的应用已发展到晶闸管领域,与一般晶闸管比较,GTR 有以下应用特点:

1) 具有自关断能力。GTR 因为有自关断能力,所以在逆变回路中不需要复杂的换流设备,与使用晶闸管相比,不但使主回路简化、重量减轻、尺寸缩小,更重要的是不会出现换流失败的现象,提高了工作的可靠性。

2) 能在较高频率下工作。GTR 的工作频率比晶闸管高 1~2 个数量级,不但可获得晶闸管系统无法获得的优越性能,而且因频率提高还可降低各磁性元件和电容器件的规格参数及体积重量。

当然,GTR 也存在二次击穿的问题,管子裕量要考虑足够一些。

下面以直流传动为例来说明 GTR 的应用。

GTR 在直流传动系统中的功能是直流电压变换,即斩波调压,如图 2-20 所示。所谓斩波调压,是利用电力电子开关器件将直流电变成另一固定或大小可调的直流电,有时又称此为直流变换或开关型 DC/DC 变换电路。

图中 VD_1~VD_6 构成一个三相桥式整流电路,获得一个稳定的直流电压。VD 为续流二极管,作用是在 GTR 关断时为直流电机提供电流,保证直流电机的电枢电流连续。通过改变 GTR 的基极输入脉冲的占空比来控制 GTR 的导通与关断时间,在直流电机上就可获得电压可调的直流电。

由于 GTR 的斩波频率可高达 2 kHz 左右,在该频率下,直流电动机电枢电感足以使电流平滑,这样电动机旋转的振动减小,温升比用晶闸管调速低,从而能减小电动机的尺寸。

因此,在 200 V 以下、数十千瓦容量内,用 GTR 不但简便,而且效果好。

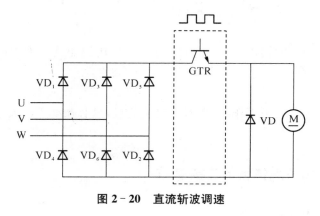

图 2－20　直流斩波调速

2.4　功率场效晶体管(MOSFET)

功率场效应晶体管,有时也被称为功率 MOSFET。它是用栅极电压来控制漏极电流的电压控制型器件,具有输入阻抗高、开关速度快、工作频率高、驱动电路简单,需要的驱动功率小的特点,它是采用场效应机理控制器件导通或关断的。目前,MOSFET 的耐压可达 1 000 V,电流为 200 A,开关时间仅为 13 ns,在高频中小功率的电力电子装置中广泛应用。

2.4.1　功率 MOSFET 的基本结构

MOSFT 的种类和结构繁多,按导电流道可分为 P 沟道和 N 沟道。

图 2－21(a)所示为 N 沟道 MOSFET 的基本结构示意图,功率 MOSFET 的电气图形符号如图 2－21(b)所示,3 个引线端分别称为源极 S、漏极 D、栅板 G。

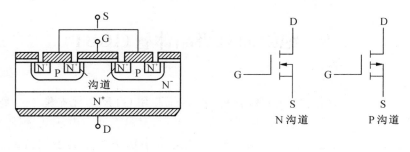

(a) 内部结构断面示意图　　　　　　　(b) 电气图形符号

图 2－21　MOSFET 的基本结构和电气图形符号

电力 MOSFET 在导通时,只有一种极性的载流子参与导电,从源极 S 流向漏极 D。
MOSFET 主要有以下特点:

1. 开关频率高

MOSFET 的最高开关频率可达 500 kHz。

2. 输入阻抗高

MOSFET 具有很高的输入阻抗,可直接用 CMOS 电路驱动。因为高阻抗,容易造成电荷积累而引起静电击穿。

3. 驱动电路简单

MOSFET 在稳定状态下工作时,栅极无电流流过,只有在动态开关过程中才有电流,所以驱动功率小。

2.4.2　电力场效晶体管的主要参数

1. 漏源击穿电压 U_{DS}

漏源击穿电压 U_{DS} 决定了 MOSFET 的最高工作电压。

2. 栅源击穿电压 U_{GS}

能造成栅源间绝缘层击穿的电压称为栅源击穿电压 U_{GS},栅源间的绝缘层是很薄的,当栅源电压大于 20 V 时,将击穿绝缘层。

3. 漏极连续电流 I_D 和漏极峰值电流 I_{DM}

在器件内部温度不超过最高工作温度时,MOSFET 允许通过的最大漏极连续电流称为漏极连续电流 I_D;在同样条件下,允许通过的最大漏极脉冲电流,称为漏极峰值电流 I_{DM}。

2.4.3　使用功率场效晶体管的注意事项

(1) MOSFET 器件的存放和运输需要有防静电装置。

(2) MOSFET 的栅极绝对不能开路工作。

(3) 对于电感性负载,在起动和停止时,由于产生感生电压,会发生过电压或过电流而损坏 MOSFET,因此要有防护措施。

2.5　绝缘栅双极晶体管(IGBT)

绝缘栅双极型晶体管,简称 IGBT,它将 MOSFET 和 GTR 的优点集于一身,既具有输入阻抗高、速度快,热稳定性好和驱动电路简单的特点,又具有通态电压低、耐压高和承受电流大等优点,因此发展迅速。目前,IGBT 已经成为中小功率电力电子设备或装置的主导器件。

2.5.1　绝缘栅双极晶体管的基本结构

IGBT 的结构是在 MOSFET 结构的基础上作了相应的改善,相当于一个由 MOSFET

驱动的厚基区双极型电力晶体管 GTR,如图 2-22 所示,其简化等效电路如图 2-23 所示,电气符号如图 2-24 所示。IGBT 有三个电极,分别是集电极 C、发射极 E 和栅极 G。

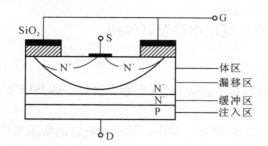

图 2-22　IGBT 基本结构示意图

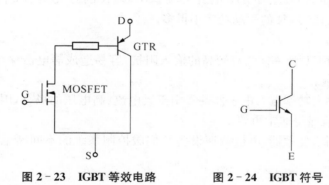

图 2-23　IGBT 等效电路　　　　**图 2-24　IGBT 符号**

2.5.2　绝缘栅双极晶体管的主要参数

1. 集射极额定电压 U_{CES}
它是栅射极短路时的 IGBT 最大耐压值,是根据器件的雪崩击穿电压而规定的。

2. 栅射极额定电压 U_{GES}
IGBT 是电压控制器件,靠加到栅极的电压信号来控制 IGBT 的导通和关断,而 U_{GES} 是栅极的电压控制信号额定值。通常 IGBT 对栅极的电压控制信号相当敏感,只有电压在额定电压值很小的范围内,才能使 IGBT 导通而不致损坏。

3. 栅射极开启电压 $U_{GE(th)}$
它是指使 IGBT 导通所需的最小栅射极电压。通常,IGBT 的开启电压 $U_{GE(th)}$ 在 3~5.5 V 之间。

4. 集电极额定电流 I_C
它是指在额定的测试温度(壳温为 25 ℃)条件下,IGBT 所允许的集电极最大直流电流。

5. 集射极饱和电压 U_{CEO}
IGBT 在饱和导通时,通过额定电流的集射极电压,代表了 IGBT 的通态损耗大小。通常 IGBT 的集射极饱和电压 U_{CEO} 在 1.5~3 V 之间。

6. 集电极功耗 P_{CM}

在正常工作温度下允许的集电极最大耗散功率。

2.5.3　IGBT 的栅极驱动电路及其保护

1. 栅极驱动电路

由于 IGBT 的输入特性几乎和 MOSFET 相同,因此 MOSFET 的驱动电路同样适用于 IGBT。

IGBT 是电压控制型器件,控制功率小。其驱动电路通常采用模块化,模块内部装有高隔离电压的光电耦合器,有过流保护和过流保护输出端子,具有体积小、可靠性高等特点。IGBT 与 GTR 相比的优点是:IGBT 的开关频率比 GTR 的开关频率提高了一个数量级,IGBT 的驱动功率要比 GTR 的驱动功率小得多。

2. IGBT 的保护

IGBT 与 MOSFET 管一样具有较高的输入阻抗,容易造成静电击穿,故在存放和测试时应采取防静电措施。

IGBT 作为一种大功率电力电子器件常用于大电流、高电压的场合,因此对其采取保护措施以防器件损坏就显得非常重要。

IGBT 广泛应用于变频器、电机调速设备和伺服控制系统的不间断电源(UPS)以及直流电焊机等设备中。

2.6　智能功率模块(IPM)

智能功率模块(IPM)是特大功率的开关器件,它集驱动电路、保护电路、检测电路以至微机接口电路于一个模块内,它是继电力晶闸管(STR)、功率晶体管(GTR)和绝缘栅双极晶体管(IGBT)后的第三代电力电子器件。

2.6.1　智能功率模块结构特点

IPM 内部电路结构如图 2-25 所示。通常,大功率 IPM 采用陶瓷绝缘和铜骨架连接结构。IPM 有四种功率电路结构类型,分别是单管、双管、6 管和 7 管型。

智能电力模块由于集多种功能于一身,其主要特点如下:

(1) 用 IGBT 集成的模块称为 IPM 模块。在 IPM 模块内有电流传感器,可检测过电流及短路电流。

(2) 驱动回路和保护回路等集成化。

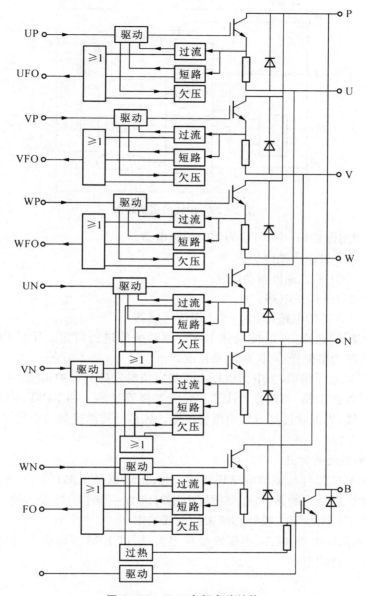

图 2 - 25 IPM 内部电路结构

（3）模块内带有过流、短路、欠压和过热等保护功能。若某种保护功能动作，则向外发出保护信号；同时，输出端变为关断状态。

（4）不需要如同 MOSFET 的防静电措施。

2.6.2 智能功率模块的功能

1. IPM 的保护功能

IPM 具有多种保护功能，如图 2 - 26 所示。其主要保护功能有：

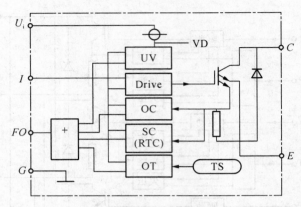

图 2-26　IPM 的保护功能

① SC——短路保护,其中 RTC 为实时控制电路。

② UV——电源欠压连锁保护。

③ Drive——IGBT 的栅极驱动电路。

④ OC——过电流保护电路。

⑤ OT——过热保护电路,其中 TS 为温度传感器。

IPM 内部有驱动电路,可以按最佳 IGBT 驱动条件进行设定。IPM 内部有过电流保护、短路保护,检测功率损耗小,灵敏度高且准确。

IPM 内部有欠电压保护,当电源电压小于规定值时发挥其保护功能。

IPM 有过热保护电路,可防止 IGBT 和续流二极管过热。在 IGBT 内部的绝缘基板上设有温度检测元件,当温度过高时发出报警信号。该信号传给变频器中的微机,使系统显示故障信息并停止工作。

2. 智能功率模块的优点

IPM 把功率开关器件与驱动电路集成在一起,IPM 就是 IGBT 芯片、驱动器、全面的传感保护以及自动识别系统的集合,在变频器中相对成为一个小的独立系统。这个系统所能完成的功能相当于一个功率变换核心所做的全部工作。

由于 IPM 工作频率高,电流、电压容量都很大,所以 IPM 正以强大的功能和较高的可靠性赢得越来越广泛的市场。

习题 2

1. 晶体闸管导通条件是什么? 关断条件是什么?

2. GTO 的主要参数有哪些?

3. GTR 与 IGBT 相比有什么优、缺点?

4. IPM 的特点是什么?

5. IPM 有哪些保护功能?

第 3 章 变频器的工作原理及控制方式

学习目标

1. 理解 PWM 技术。
2. 熟悉通用变频器结构及基本技术指标。
3. 掌握变频器主电路及工作原理,了解控制电路的作用。
4. 熟悉变频器的控制方式和应用。

3.1 变频调速原理及变频器的分类

3.1.1 变频调速基本原理

根据电机学原理可知,异步电动机的转速关系式为

$$n = n_0(1-s) = \frac{60 f_1}{p}(1-s) \tag{3-1}$$

式中 n_0 为异步电动机同步转速;f_1 为定子供电频率;p 为电动机的极对数;s 为转差率。

由此可见,若连续改变异步电动机的供电频率 f_1,就可以平滑地改变电动机的同步转速及电动机轴上的转速,从而实现对异步电动机的无级调速,这就是变频调速的基本原理。

变频调速的主要优点是调速范围大、调速平滑、机械特性较硬、效率高。高性能的异步电动机变频调速系统的调速性能可与直流调速系统相媲美;但它需要一套专用变频电源,调速系统较复杂、设备投资较高。近年来随着晶闸管技术的发展,为获得变频电源提供了新的途径,晶闸管变频调速器的应用大大促进了变频调速的发展。变频调速是近代交流调速发展的主要方向之一。

3.1.2 变频器分类

异步电动机变频调速需要电压与频率均可调的交流电源,常用的交流可调电源是由电力电子器件构成的静止式频率变换器,一般称为变频器。

变频器实际上就是一个逆变器。它首先是将交流电变为直流电,然后用电子元件对直

流电进行开关,变为交流电。一般功率较大的变频器用可控硅,并设一个可调频率的装置,使频率在一定范围内可调,用来控制电机的转数,使转数在一定的范围内可调。变频器广泛用于交流电机的调速中,变频调速技术是现代电力传动技术重要发展的方向,随着电力电子技术的发展,交流变频技术从理论到实际逐渐走向成熟。变频器不仅调速平滑,范围大,效率高,启动电流小,运行平稳,而且节能效果明显。因此,交流变频调速已逐渐取代了过去的传统滑差调速、变极调速、直流调速等调速系统,越来越广泛的应用于冶金、纺织、印染、烟机生产线及楼宇、供水等领域。一般分为整流电路、平波电路、控制电路、逆变电路等几大部分。

变频器按变换方式可分两大类,即交—交变频器和交—直—交变频器。

1. 交—交变频器

交—交变频电路是不通过中间直流环节而把电网频率的交流电直接变换成不同频率的交流电的变流电路,交—交变频电路也叫周波变流器(cyclo converter)。其特点为:

(1)因为是直接变换,故比一般的变频器有更高的效率;某些部分包络所构成,因而其输出频率比输入交流电源的频率低得多的时候,输出波形较好;

(2)变频器按电网电压过零自然换相,可采用变通晶闸管;

(3)因电路构成方式的特点,所用晶闸管元件数量较多;

(4)功率因数较低,特别在低速运行时更低,需要适当补偿。

图 3-1 所示为单相交—交变频器主电路原理示意图。

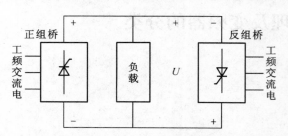

图 3-1 单相交—交变频器主电路原理示意图

由图中可以看出,控制正组桥和反组桥交替导通,在负载上就可以产生新的电压和频率的交流电。因为没有中间直流环节,所以,能量转换效率高。它广泛应用于大功率的三相异步电动机和同步电动机低速下的变频调速。但由于交—交变频器输出频率低和功率因数低,其应用受到制约。

交—交变频器可分为方波型交—交变频器和正弦波型交—交变频器两种。

2. 交—直—交变频器的组成

交—直—交变频器是先将电网工频交流电经过整流器变换成直流电,再经过逆变器变换成电压和频率任意可调的交流电。交—直—交变频器是应用最为广泛的变频器。它由主电路和控制电路组成。主电路包括整流器,中间直流环节和逆变器,其基本组成如图 3-2 所示。

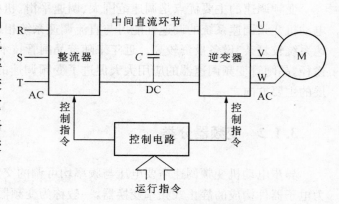

图 3-2 交—直—交变频器的基本组成

3.2　PWM(脉冲宽度调制)控制技术

脉冲宽度调制(PWM)是英文"Pulse Width Modulation"的缩写,简称脉宽调制。它是利用微处理器的数字输出来对模拟电路进行控制的一种非常有效的技术,广泛应用于测量,通信,功率控制与变换等许多领域。一种模拟控制方式,根据相应载荷的变化来调制晶体管栅极或基极的偏置,来实现开关稳压电源输出晶体管或晶体管导通时间的改变,这种方式能使电源的输出电压在工作条件变化时保持恒定。

脉冲宽度调制(PWM)是一种对模拟信号电平进行数字编码的方法。通过高分辨率计数器的使用,方波的占空比被调制用来对一个具体模拟信号的电平进行编码。PWM 信号仍然是数字的,因为在给定的任何时刻,满幅值的直流供电要么完全有(ON),要么完全无(OFF)。电压或电流源是以一种通(ON)或断(OFF)的重复脉冲序列被加到模拟负载上去的。通的时候即是直流供电被加到负载上的时候,断的时候即是供电被断开的时候。只要带宽足够,任何模拟值都可以使用 PWM 进行编码。

多数负载(无论是电感性负载还是电容性负载)需要的调制频率高于 10 Hz,通常调制频率为 1 kHz 到 200 kHz 之间。

将 PWM 控制技术应用于逆变电路,可以使逆变器输出变压变频的交流电压。

3.2.1　PWM 原理

目前,应用较普遍的变频调速系统是恒幅脉宽调制变频电路。三相或单相交流电压经整流器整流滤波后得到直流电压,将这个恒定的直流电压输入逆变器,调节逆变器的脉冲宽度和输出频率来实现调压、调频的双重任务。

图 3-3 所示为单相逆变电路,其实质是直流斩波器,电路以 IGBT 为逆变管。通过控

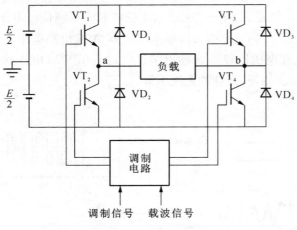

图 3-3　单相逆变电路

制逆变管 VT_1、VT_4 和 VT_2、VT_3 的交替导通和关断时间,达到控制逆变器的输出波形与频率的目的。图 3-4 所示为单相逆变器输出波形,由图 3-4 可以看出逆变管 VT_1、VT_4 在基波频率的正半周多次重复(图中画出 7 次)导通与关断,而逆变管 VT_2、VT_3 在负半周内也同样导通和关断同样次数,如果使逆变管导通的时间间隔像正弦函数一样变化,即逐渐增大,再逐渐减小;而等幅不等宽的脉冲电压面积,接近于所对应正弦波电压面积,则逆变器的输出电压将很接近基波电压,高次谐波电压将大为减小。若采用高速开关器件和微机控制,使逆变器的输出脉冲次数增多,逆变器输出电压则更为理想,因此 PWM 型逆变电路广泛用于交流异步电动机变频调速中。

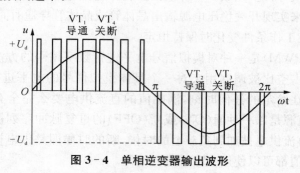

图 3-4　单相逆变器输出波形

3.2.2　SPWM 调制技术

PWM 技术源于无线电中的载波调制技术。在 PWM 技术中,如果脉冲宽度和占空比的大小按正弦规律分布,则为正弦波脉冲宽度调制。(Sinusoidal PWM)技术,简称 SPWM 技术。在交流异步电动机变频调速中,通常采 SPWM 技术。从脉宽调制的极性来看,有单极性调制和双极性调制两种方法。

1. 单极性调制原理

三角波单极性调制 SPWM 原理如图 3-5 所示。以正弦波 u_{si} 作为参考调制信号,用三角波 u_{ti} 作为载波信号。如果正弦波信号和三角波信号都是正极性信号,称为单极性 SPWM 调制。图 3-5 中,在比较器 A 的"+"端输入正弦波参考调制信号电压 u_{si} 在 A 的"-"端输入三角波载频信号电压 u_{ti} 当 $u_{si} > u_{ti}$ 时,电压比较器 A 输出高电平。当 $u_{si} < u_{ti}$ 时,电压比较器 A 输出低电平。在电压比较器 A 输出端就得到了 SPWM 电压脉冲序列。在 SPWM 脉冲序列中,各脉冲的幅度相等,而脉冲宽度不等。

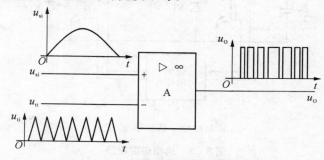

图 3-5　三角波单极性调制 SPWM 原理

图 3-6 所示为单极性调制波形。由图 3-6 可知,脉冲宽度也就是开关器件的导通、关断时间,它取决于两个比较电压 u_{si} 和 u_{ti} 的交叉点及交叉点之间的距离(时间)。在这个序列脉冲中,占空比是按正弦规律变化的。所以脉冲序列的瞬时电压平均值也是正弦规律。但采集两个比较电压 u_{si} 和 u_{ti} 的交叉点及交叉点之间的距离是非常困难的。只有采用计算机技术,才能在较短的时间内,计算出正弦波与三角波的所有的交叉点,并且使逆变器的功率开关器件按各交叉点所规定的时刻有序导通或关断。

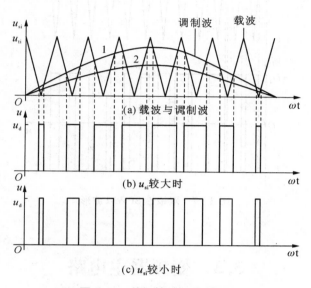

图 3-6 单极性 SPWM 波形

将上述 SPWM 波形应用到图 3-3 所示的电路中,在正弦参考调制信号和三角波载波信号的交叉点时刻控制 IGBT 的导通与关断。正半周时,将 SPWM 信号加到 VT_1 和 VT_4 基极,使 VT_1 和 VT_4 按照脉冲电平及规律进行通、断工作,此时,VT_2 和 VT_3 关断,负载电流由"a"到"b"。在负半周时,将 SPWM 信号加到 VT_2 和 VT_3 基极,使 VT_2 和 VT_3 按照脉冲电平及规律进行通、断工作,此时,VT_1 和 VT_4 关断。负载电流由"b"到"a"。可见,流经负载的电流是正、负交替的交流电。

2. 双极性调制原理

正弦波参考调制信号和三角波载波信号均为正、负极性信号,称为双极性 SPWM 调制,其波形如图 3-7 所示。双极性调制与单极性调制原理基本相同。工程应用中,通常使用双极性调制方法。在这种方法中,参考信号可以是调频、调幅的三相正弦波 U_{ia}、U_{ib}、U_{ic},载波信号为双极性三角波。双极性调制的工作特点是:逆变桥在工作时,同一桥臂的两个逆变器件总是按相电压的规律交替导通和关断,而流过负载的电流则是按线电压规律变化的交变电流。

通过以上分析可知,SPWM 逆变电路输出的交流电压和频率,均可由调制波参考信号来控制。改变参考信号的电压大小,即可以改变逆变器输出的电压大小。改变参考信号的频率(载波的频率原则也随之变化),即可以改变逆变电路的输出频率,并且该频率与参考信号的频率是相同的。通常参考信号的频率就是变频器的给定频率。

目前,由于大规模集成电路的飞速发展,能够满足上述要求的 SPWM 波形专用集成电路已经得到广泛应用。

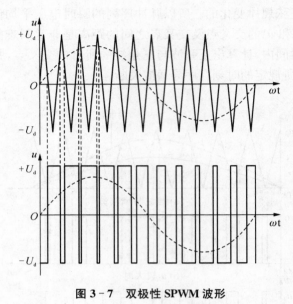

图 3 - 7　双极性 SPWM 波形

3.3　变频器主电路

不同的交—直—交变频器内部主电路基本相同。在变频调速过程中出现的许多问题,都可以通过对主电路进行检修分析得到解决。因此,熟悉和掌握主电路的各部分结构与原理,对于变频器使用者来说,具有十分重要的意义。

3.3.1　交—直变换环节

交—直变换环节就是整流滤波电路。其任务是将工频电源的三相或单相交流电变换成稳、恒的直流电。因整流后的直流电压比较高,其电路结构具有特殊性。交—直变换环节电路如图 3 - 8 所示。

1. 整流电路

在 SPWM 变频器中,大多采用桥式全波整流电路。在中小型变频器中,整流器件采用不可控的整流二极管式或二极管整流模块。图 3 - 8 中 VD_1 - VD_6 组成了三相桥式不可控全波整流电路。通常小功率变频器多采用单相 220 V 整流。大功率变频器通常采用 380 V 整流。当输入交流电压为 380 V 时,整流后的脉动直流峰值电压可达 537 V,平均电压可达 515 V。

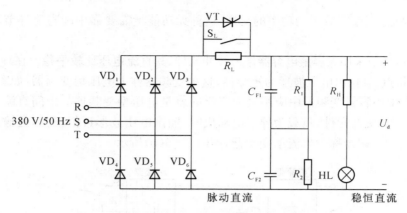

图 3 - 8　交—直变换环节电路

2. 滤波电路

整流电路输出的是脉动直流电压。要想得到稳、恒的直流电压,必须加以滤波。C_{F1} 和 C_{F2} 为滤波电容。滤波电路的作用是滤除整流后的电压纹波。此外,还具有在整流器和逆变器之间的去耦作用,消除相互干扰。由于电解电容器的容量和耐压值的限制,滤波电容通常采用多个电容器串并联成一组。因为大电解容器的电容量存在着离散性,所以 C_{F1} 和 C_{F2} 的容量不一定完全相等。其结果是两组电容器所承受的电压 U_{d1} 和 U_{d2} 不平衡,使得承受电压较高的一组电容器容易击穿。为使 C_{F1} 和 C_{F2} 两端电压相等,给 C_{F1} 和 C_{F2} 各并联一只阻值相等的电阻 R_1 和 R_2,以均衡 C_{F1} 和 C_{F2} 两端电压。

串联在整流桥和滤波电容之间的由限流电阻 R_L 和短路开关 S_L 组成的并联电路称为限流电路。由于滤波电容的容量较大,在接通电源之前,滤波电容两端直流电压为零(U_d = 0)。在接通电源瞬间,流过滤波电容 C_{F1} 和 C_{F2} 的充电电流很大(此时整流桥相当于短路),有可能因此而损坏 C_{F1} 和 C_{F2}。为了保护整流桥,在滤波电容 C_{F1} 和 C_{F2} 的充电过程中,电路中串接的限流电阻 R_L 可以限制电容的充电电流。当滤波电容 C_{F1} 和 C_{F2} 的充电完成后,如果限流电阻仍存于电路中,必然有一定的压降,使得直流电压 U_d 减小,同时也增大电路损耗,影响变频器的输出电压。因此,当电容器充电到一定程度时,令 S_L 接通,将 R_L 短接,将电阻 R_L 从电路中切除。

通常变频器中的短路开关 S_L 用晶闸管代替,小容量的变频器有的用接触器或继电器的触点代替。

3. 电源指示电路

HL 为电源指示灯,R_H 为指示灯的限流电阻。指示灯除了显示变频器电源是否接通外,还有一个重要功能,就是当变频器切断电源后,用来表示滤波电容 C_{F1} 和 C_{F2} 上的电荷是否已经放电完毕。由于 C_{F1} 和 C_{F2} 的容量较大,充电电压很高,因此,变频器停止工作,切断电源后,C_{F1} 和 C_{F2} 的放电时间可长达数分钟,存在电容器中的电荷如不全部释放,将对人身安全构成威胁。在维修变频器时,必须等 HL 完全熄灭后,方能工作。

3.3.2　中间直流环节

交流电动机是感性负载,作为逆变器的负载,功率因数不可能为 1。所以,在中间直流环节和电动机之间存在着无功功率的交换,这种无功能量需要靠中间直流环节的储能元件来缓冲。

中间直流环节采用大容量电容器作为缓冲元件,其直流电压比较平稳。在理想情况下具有恒压源的特点,且输出电压波形为矩形波,这种变频器称为电压型变频器,如图 3 - 9(a)所示。目前,在中小容量变频器中应用最为广泛的就是电压型变频器。中间直流环节采用大容量电感器作为缓冲元件,负载为异步电动机时,输出电压波形近似正弦,且输出电流波形为矩形波,这种变频器称为电流型变频器,如图 3 - 9(b)所示。

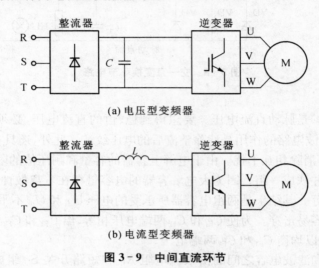

(a) 电压型变频器

(b) 电流型变频器

图 3 - 9　中间直流环节

3.3.3　直—交变换环节

直—交变换环节即逆变电路,其功能是将直流电逆变成电压和频率连续可调的三相交流电,直—交变换环节电路如图 3 - 10 所示。

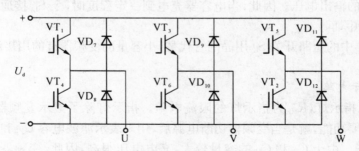

图 3 - 10　直—交变换环节电路

1. 三相逆变桥电路

三相逆变桥原理电路如图 3 - 11 所示。图中 VT_1 - VT_6 以 IGBT 为逆变管,组成三相桥式逆变电路,把 VD_1 - VD_6 整流的直流电逆变为交流电,这是变频器的核心部分。其工作原理与单相逆变电路的工作原理相同,只是输出三相交流电相位互差 $T/3$,U 相超前 V 相 $T/3$、V 相超前 W 相 $T/3$、W 相超前 U 相 $T/3$,各逆变管在 SPWM 信号的控制下变替导通与截止。

图 3-12 所示为三相逆变桥控制电路框图。一组三相对称正弦调制波信号 U_{siu}、U_{siv}、U_{siw} 由正弦波信号发生器提供,其频率大小决定逆变桥输出的基波频率,在所要求的频率范围内可调;幅值可在一定范围内变化,以决定逆变桥输出电压的大小。三角波信号发生器产生的三角形载波信号是共用的,分别与每相正弦波信号相比较,产生 SPWM 信号 U_{du}、U_{dv}、U_{dw},以驱动逆变管 $VT_1 - VT_6$。

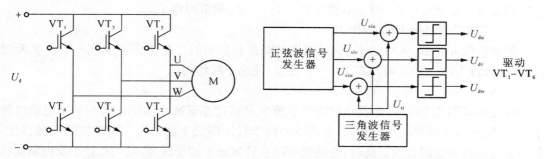

图 3-11 三相逆变桥原理电路   图 3-12 三相逆变桥控制电路框图

2. 续流电路

图 3-10 中,由二极管 $VD_7 - VD_{12}$ 构成续流电路,其作用有三:一是当电动机处于再生发电状态时,再生电流将通过续流二极管回馈到直流电源;二是由于电动机是感性负载,功率因数必然小于 1,因此,电流中存在无功分量,续流二极管为无功分量的回馈提供通道;三是为电路的寄生电感在逆变过程中释放能量提供必要的通道。

3. 缓冲电路

图 3-13 所示是具有代表性的缓冲电路。图中 $C_{01} - C_{06}$、$R_{01} - R_{06}$ 及 $VD_{01} - VD_{06}$ 构成了缓冲电路。其主要功能是:逆变管在导通和关断瞬间,电压和电流的数值是很大的,有可能击穿逆变管,因此,每个逆变管旁边接入由电阻、电容和二极管组成的缓冲电路,减缓电流和电压的变化对逆变管的冲击,从而保护逆变管安全工作。其电路具体分析如下:

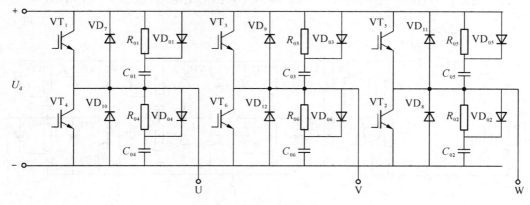

图 3-13 缓冲电路

（1）电容 $C_{01} - C_{06}$ 的作用

在逆变管 $VT_1 - VT_6$ 每次由导通状态转换到截止状态过程中,集电极 C 和发射极 E 之

间的电压 U_{ce} 将由 0 迅速上升至直流电压 U_d,这个过程中电压增长率很大,极容易导致逆变管击穿。因此,逆变管 VT_1 - VT_6 在由导通到关断过程中给电容 C_{01} - C_{06} 充电,从而减小了电压变化率。

（2）电阻 R_{01} - R_{06} 的作用

在逆变管 VT_1 - VT_6 每次由截止状态转换到导通状态过程中,电容 C_{01} - C_{06} 所存储的电压将向逆变管放电,且开始放电的电流很大,也很容易损坏逆变管。接入电阻 R_{01} - R_{06} 的目的就是为了限制电容 C_{01} - C_{06} 对逆变管 VT_1 - VT_6 的放电电流。

（3）二极管 VD_{01} - VD_{06} 的作用

限流电阻 R_{01} - R_{06} 对电容 C_{01} - C_{06} 充电时间是有影响的。在逆变管 VT_1 - VT_6 关断过程中,二极管 VD_{01} - VD_{06} 将电阻 R_{01} - R_{06} 短路,使之不起作用。

4. 制动单元

在变频器调速系统中,电动机的降速和停车是通过逐渐减小频率来实现的。电动机处于工作状态时,在频率减小的瞬间,电动机的同步转速随之下降。由于电动机的机械惯性,其转子转速并未立即改变。此时,电动机的同步转速低于转子转速,电动机处于发电制动状态。电动机的再生电能将通过如图 3-13 所示中的续流二极管 VD_7 - VD_{12} 进行全波整流回馈到直流电路。与此同时,电动机中的无功分量也要通过续流二极管 VD_7 - VD_{12} 回馈到直流电路。

由于回馈到直流电路的再生电能无法再回馈到电网,仅靠电容 C_{F1} 和 C_{F2} 的吸收是不够的,将导致直流电路电压升高,该电压称为"泵生电压"。泵生电压将对开关器件造成很大损害。因此,当直流电压超过一定限值时,就要提供放电回路,将再生能量消耗掉。这一放电回路称为能耗制动电路。能耗制动电路由图 3-14 所示中的制动电阻 R_B 和制动单元 VB 组成。制动电阻 R_B 的作用是消耗直流电路中多余的电能。制动单元中的开关器件 VB 的作用是提供放电通路,当直流电压超过一定限值时,VB 导通,使直流回路通过 R_B 消耗电能,降低直流电压。当直流电压在正常范围内时,VB 将可靠地截止。

5. 主电路

将上述分析的各环节电路组合在一起,即为变频器的主电路,如图 3-14 所示。

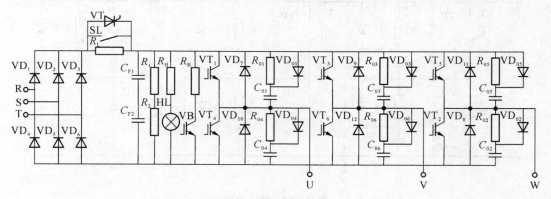

图 3-14　变频器的主电路

3.4　变频器的控制电路

变频器采用微机进行全数字控制,整个控制由软件来实现。在变频器中,全部控制电路装配在同一块电路板上,是变频器的核心部件之一。

3.4.1　控制电路的组成及端子

图 3 - 15 所示为变频器控制电路原理框图。控制电路以微机为核心,基本构成如下:

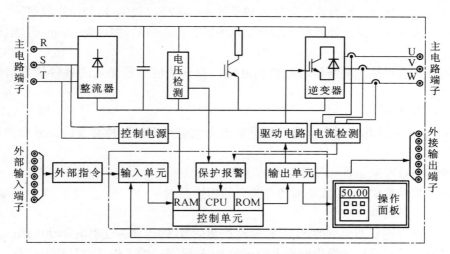

图 3 - 15　变频器控制电路原理框图

1. 控制电源
控制电源为控制电路提供稳定的直流电源。
2. 微机控制单元
微机控制单元包括以 CPU 为核心的各种硬件电路以及控制软件。它是变频器的控制中心。其主要功能是:处理外部控制信号、内部检测信号和用户对变频器的设定信号,实现对变频器的各种控制。
3. 检测电路
检测电路包括电压检测电路和电流检测电路。该检测电路在变频器运行过程中检测欠电压和过电流信号,送入微机进行处理。
4. 驱动电路
在微机控制下,为逆变器提供按 SPWM 控制所需的且具有足够功率的驱动控制信号。
5. 保护及报警电路
变频器的控制软件中有故障自诊断和保护报警程序。当变频器出现故障或输入、输出信号发生异常时,经微机处理后,控制驱动电路,使变频器停止工作,实现自我保护。

6. 操作面板

用于设定变频器的各种控制功能,并显示变频器的当前工作状态。

7. 主电路端子

主电路端子有三相电源接线端子 R、S、T 和电动机接线端子 U、V、W。

8. 控制信号端子

控制信号端子有外部输入端子和外接输出端子,用于变频器的外部输入控制信号的接入和故障报警信号的输出等。

3.4.2　控制电路的作用

1. 接收信号

① 接收用户从操作键盘或外部输入端子输入的各种预置信号,如给定频率等。

② 接收从操作键盘或外部输入端子输入的各种控制信号,如启动、停止、升速、降速、点动等。

③ 接收从电压检测电路和电流检测电路以及其他传感器输入的各种状态信号,如欠压、过流等。

2. 进行各种运算

将各种信号送入微机进行运算。根据要求为主电路提供各种必要的信号和控制,最主要的运算是:

① 进行矢量控制运算和其他必要的运算。

② 准确地计算出 SPWM 波形各交叉点的切换时刻。

3. 输出各种运算结果

① 产生符合逆变器要求的 SPWM 驱动控制信号,输出到逆变器的驱动电路。

② 经输出单元输出给操作面板上的显示器,显示当前的工作状态及错误信息。

③ 向外接输出端子发出控制信号。

3.5　变频器对异步电动机的控制方式

低压通用变频输出电压为 380~650 V,输出功率为 0.75~400 kW,工作频率为 0~400 Hz,它的主电路都采用交—直—交电路。其控制方式经历了以下四代。

3.5.1　V/F 控制方式

1. V/F 控制原理

由公式 $n_1 = 60 f_1/p$ 可知,当电机极对数不变时,电动机的同步转速和频率成正比,若连续改变频率就可以连续改变同步转速,从而连续平滑地改变电动机的转速。但是单一调节电源的频率,将导致电动机运行性能恶化。

根据电机理论,在忽略定子绕组阻抗压降时,交流异步电动机每相绕组感应电动势的有效值为

$$U \approx E = 4.44 f N_1 K_N \Phi \text{M} \qquad (3-2)$$

式中：U——交流异步电动机定子绕组交流电压,单位 V;

　　　　E——交流异步电动机定子绕组中感应电动势的有效值,单位 V;

　　　　N_1——交流异步电动机定子每相绕组的匝数;

　　　　K_N——交流异步电动机定子绕组的绕组系数;

　　　　f——定子绕组感应电动势频率(等于电源频率),单位 Hz;

　　　　Φ_M——交流异步电动机主磁通,单位 Wb。

由式(3-2)可得

$$\Phi_M = \frac{E}{4.44 f N_1 K_N} \approx \frac{U}{4.44 f N_1 K_N} \qquad (3-3)$$

交流异步电动机将电能转换成机械能是电磁转矩 T_M 做功。其电磁转矩由下式决定

$$T_M = C_M \Phi_M I_2 \cos\varphi_2 \qquad (3-4)$$

式中：T_M——异步电动机电磁转矩,单位 N·m;

　　　　C_M——异步电动机电磁转矩常数;

　　　　I_2——转子电流折算到定子一侧的电流有效值,单位 A;

　　　　$\cos\varphi_2$——转子电路的功率因数。

由式(3-3)和式(3-4)可知,当定子绕组中感应电动势的有效值 E 不变时,如果改变交流电的频率 f,必然导致电动机主磁通 Φ_M 的变化,使电动机电磁转矩 T_M 发生改变。这样也就影响了电动机的机械特性和调速指标。

由式(3-3)可知,若保持电动机的主磁通 Φ_M 不变,在改变交流电源频率 f 的同时,还必须改变电压 U,保持 U/f 比值不变,从而保证在调速范围内电动机的电磁转矩 T_M 不变。所以,这种方式称为 V/F 控制,即可调电压可调频率(Variable Voltage Variable Frequency, VVVF),其数学表达式为

$$\frac{U}{f} \approx \frac{E}{f} \cong \Phi_M \approx 常数 \qquad (3-5)$$

变频调速是以交流电源频率(异步电动机额定频率) $f_N = 50$ Hz 为基本频率,简称基频,其所对应的电动机额定转速为基速。基本频率的 U/f 曲线如图 3-16 所示。

2. 变频调速的机械特性

1) 基频以下调速

当电动机定子绕组中交流电频率 f 由基频 f_N 向下调节时,由式(3-3)可知,如果只降低频率 f 而不同时降低电压 U,则随着 f 的下降必将会使主磁通 Φ_M 增大,电动机磁路越来越饱和,励磁电流将大为增加,造成电动机过热而无

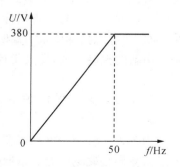

图 3-16　基本频率的 U/f 曲线

法正常工作。因此,在降低频率 f 的同时,必须降低定子电压 U。只有这样才能保证电动机的主磁通 Φ_M 不变,使电动机的电磁转矩 T_M 也不改变。这种控制属于恒磁通方式,称为恒转矩调速,其机械特如图 3 – 17 所示。

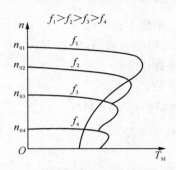 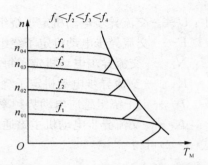

图 3 – 17　基频以下调速时的机械特性　　　图 3 – 18　基频以上调整时的机械特性

2) 基频以上调速

当电动机定子绕组中交流电频率 f 由基频 f_N 向上调节时,如果也按比例调高电压 U,则会超过电动机的额定电压,这是绝对不允许的。在保持定子绕组电压 U 不变的情况下,频率 f 可以向上调节,使电动机的转速升高。因此,由式(3-3)可知,当频率 f 向上调节时,由于 E 不能增加,必然使主磁通 Φ_M 降低,导致电动机电磁转矩 T_M 减小。在这种控制方式下,转速越高则转矩越小,但电动机转速与转矩的乘积,即功率保持不变,这种控制属于弱磁方式,称为恒功率调速。其机械特性如图 3 – 18 所示。功率表达式为

$$P_M = \frac{T_M 2\pi n}{60} \approx 常数 \tag{3-6}$$

式中:P_M——异步电动机的功率,单位kW。

3) 电动机实际转速控制

V/F 控制方式是转速开环控制,无速度传感器,控制电路简单,适用于标准异步电动机,具有通用性好、性能价格比高等优点。但是,对于调速精度要求较高和负载变动较大的场合,V/F 控制方式就存在以下问题:

由于异步电动机转差率 s 的存在,如果机械负载转矩变化,电动机转速也必然随之变化。显然,电动机转速不能稳定在某一恒定速度下工作,则无法准确控制电动机的实际转速。由此可见,V/F 控制方式只能用于速度精度要求不高或负载变化较小的场合。

在对静态指标与动态指标要求较高时,可以采用转速闭环控制,构成转差频率控制系统,动态和静态指标要求更高时,转差频率控制系统也不能满足生产工艺调速技术要求,必须采用新的控制方式,即矢量控制方式,以满足生产工艺的机械特性和调速要求。

3.5.2　矢量控制方式(VC)

为改善交流异步电动机变频调速的机械特性,人们发现交流异步电动机和直流电动机的最大差异是磁场问题。依照直流电动机调速的特点,交流异步电动机转速也能通过控制两个相互垂直的直流磁场来进行调节。

1. 直流电动机调速特征

任何电动机转矩都是由电流在磁场中受力产生的,也就是两个磁场相互作用的结果。图 3-19 所示为直流电动机的结构。直流电动机具有两套绕组,即励磁绕组和电枢绕组。

1) 在图 3-19 中,磁场绕组的励磁电流 I_0 产生磁场,其磁通称为励磁磁通(主磁通)Φ_M。电枢电流 I_A 流过电枢产生磁场,其磁通称为电枢磁通 Φ_A。励磁磁通 Φ_M 和电枢磁通 Φ_A 在空间上是相互垂直的。

2) 两个电路各自独立

直流达到等效电路如图 3-20 所示。产生主磁通的励磁电路和提供转子电流的电枢电路由各自电源供电(也可以是并联)。一个电路中电流的变化并不影响另一个电路,是各自独立的。直流电动机的调速性能非常优异,长期以来被广泛应用于生产机械的调速控制。

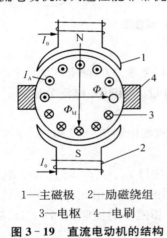

1—主磁极　2—励磁绕组
3—电枢　4—电刷
图 3-19　直流电动机的结构　　　　**图 3-20　直流电动机等效电路**

2. 交流电动机调速特征

交流异步电动机也具有两套绕组,即定子绕组和转子绕组。定子绕组与外部电源相连接,定子电流是从电源获取的,而转子电流是通过电磁感应产生的感生电流。因此,异步电动机的定子电流包括两个分量,即励磁分量和转矩分量。其中,励磁分量用于建立磁场,转矩分量用于产生电磁转矩,同时平衡转子电流磁场。

3. 矢量控制方式基本思想

由以上分析可知,只需调节直流电动机中两个相互垂直的励磁磁场和电枢磁场中的一个,即可进行调速。仿照直流电动机调速特点,将交流异步电动机中的磁场等效变换成两个相互垂直的磁场来实施控制,即可进行转速调节。

将交流异步电动机三相旋转磁场等效变换成两相旋转磁场,称为 3/2 变换,反之称为 2/3 变换。在 3/2 变换时,将三相绕组旋转磁场变换成两相绕组旋转磁场,由于两相旋转磁场和直流旋转磁场都是在空间相互垂直的,因此这种等效变换称为交/直变换,反之称为直/交变换。

4. 矢量控制方式原理

既然三相交流异步电动机经等效变换可以等效成直流电动机,那么,模仿直流电动机的控制方式,经过相应的等效变换,就可以控制交流异步电动机。实行等效变换的电路是磁场的空间矢量变换,因此,通过等效变换实现的控制系统称为矢量控制系统。图 3-21 所示为矢量控制方式原理图。

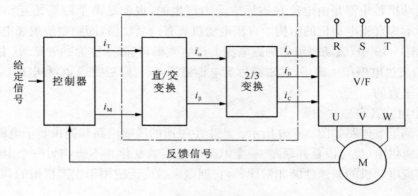

图3-21 矢量控制方式原理图

1）信号给定控制环节

将矢量给定信号分解成模拟直流电动机的两个相互垂直的直流磁场信号，即励磁电流磁场信号和电枢电流磁场信号，分别称为励磁电流分量 i_T 相转矩电流分量 i_M。

2）直/交变换环节

将相互垂直的直流磁场信号变换成等效的两相磁场控制信号 i_α 和 i_β。

3）2/3变换环节

将两相磁场的控制信号变换成三相磁场的控制信号 i_A、i_B、i_C，将这3个电流控制信号加到带电流控制器的逆变桥上，用来控制三相逆变器的工作。由此可见，控制励磁电流分量 i_T 和转矩电流分量 i_M 中的任意一个，都可以控制三相磁场的控制信号 i_A、i_B、i_C，从而控制变频器的交流输出，实现用模仿直流电动机的控制方法去控制三相交流异步电动机，使之达到直流电动机的控制效果。

5. 矢量控制中的反馈

由于微机及软件功能的作用，可完成对交流异步电动机的等效变换，实现矢量控制方式。然而，具有矢量控制功能的变频器，不必改变硬件电路，即可实现有速度传感器和无速度传感器的两种反馈控制功能。

1）有速度反馈矢量控制

如果系统要求有较宽的调速范围，而且在低转速下也要有较好的动态性能和调速精度，则需外接速度传感器，构成转速闭环矢量控制系统。速度传感器提供的反馈信号，反馈到控制端与给定信号进行比较，反映出拖动系统中异步电动机实际转速与给定转速之间的差异，根据这一差异，系统以最快的反应速度进行校正，使异步电动机具有很硬的机械特性，以提高系统的动态响应能力。在工程中，通常采用旋转脉冲编码器作为速度传感器。

（1）旋转脉冲编码器（PG）

旋转脉冲编码器（PG）为两相旋转编码器，分别有单路输出和双路输出两种，技术参数主要有每转脉冲个数和供电电压等。采用双路输出旋转编码器对电动机进行测速，输出 A、B 两相脉冲，相位差为90°。根据 A、B 脉冲的相序，判断电动机的转动方向，并可根据 A、B 脉冲的频率测得电动机的转速。

（2）旋转脉冲编码器（PG）的接法

旋转脉冲编码器（PG）与变频器的连接主要有两种方式。有些变频器设置了与旋转脉冲编码器的连接端子，可直接与之连接，称为直接连接方式。有些变频器则需要配置专用的PG 卡，将线排卡一端与变频器相连，另一端与 PG 相连。这种连接称为 PG 卡连接方式。

2）无速度反馈矢量控制

无反馈矢量控制，就是不需要在变频器外接速度传感器。虽然表面上系统是开环的，但并不意味着变频器内部也是开环的，其内部存在着电流反馈。

变频器中的微机自行识别电动机参数，检测出电动机的电流和电压，算出转子磁通和角速度，进而计算出所需要的转矩电流分量 i_M 指令和励磁电流分量 i_T 指令，实现矢量控制。在调速范围不大、动态性能要求不高的拖动系统中，可采用无速度传感器控制方式。

3.5.3　直接转矩控制方式

直接转矩控制（Direct Torque Control，DTC，国外的原文有的也称为 Direct Self-control，DSC，直译为直接自控制），这种"直接自控制"的思想以转矩为中心来进行综合控制，不仅控制转矩，也用于磁链量的控制和磁链自控制。直接转矩控制与矢量控制的区别是，它不是通过控制电流、磁链等量间接控制转矩，而是把转矩直接作为被控量控制，其实质是用空间矢量的分析方法，以定子磁场定向方式，对定子磁链和电磁转矩进行直接控制的。这种方法不需要复杂的坐标变换，而是直接在电机定子坐标上计算磁链的模和转矩的大小，并通过磁链和转矩的直接跟踪实现 PWM 脉宽调制和系统的高动态性能。

直接转矩控制变频调速，是继矢量控制技术之后又一新型的高效变频调速技术。20 世纪 80 年代中期，德国鲁尔大学的 M. Depenbrock 教授和日本的 I. Takahashi 教授分别提出了六边形直接转矩控制方案和圆形直接转矩控制方案。1987 年，直接转矩控制理论又被推广到弱磁调速范围。

需要说明的是，直接转矩控制的逆变器采用不同的开关器件，控制方法也有所不同。Depenbrock 最初提出的直接自控制理论，主要在高压、大功率且开关频率较低的逆变器控制中广泛应用。目前被应用于通用变频器的控制方法是一种改进的、适合于高开关频率逆变器的方法。1995 年 ABB 公司首先推出的 ACS600 系列直接转矩控制通用变频器，动态转矩响应速度已达到<2 ms，在带速度传感器 PG 时的静态速度精度达±0.001％，在不带速度传感器 PG 的情况下即使受到输入电压的变化或负载突变的影响，同样可以达到±0.1％的速度控制精度。其他公司也以直接转矩控制为努力目标，如富士公司的 FREN-IC5000VG7S 系列高性能无速度传感器矢量控制通用变频器，虽与直接转矩控制方式还有差别，但它也已做到了速度控制精度±0.005％，速度响应 100 Hz、电流响应 800 Hz 和转矩控制精度±3％（带 PG）。其他公司如日本三菱、日立、芬兰 VASON 等最新的系列产品采取了类似无速度传感器控制的设计，性能有了进一步提高。

3.6　中、高压变频器

　　中、高压变频器通常是指电压等级在 1 kV 以上的大容量变频器。按照国际通用惯例，供电电压小于 10 kV 而大于 1 kV 时称为中压，大于 10 kV 时称为高压。因此，相应额定电压的变频器分别称为中压或高压变频器。

　　中、高压变频器从 20 世纪 80 年代中期开始，在工业生产中获得实际应用。但随着大功率、高性能的电力电子器件迅速发展以及巨大的市场推动，近 20 年来，中、高压变频器的发展非常快。所使用的器件已经从晶闸管、双极晶体管，到绝缘栅型双极晶体管。功率范围从几百千瓦发展到几十兆瓦。现在的中、高压变频器的各项技术已经趋于成熟，应用领域也越来越广泛。

　　高压大功率变频调速装置被广泛地应用于大型矿泉水应用生产厂、石油化工、市政供水、冶金钢铁、电力能源等行业的各种风机、水泵、压缩机、轧钢机等，如图 5-22 所示。

图 3-22　高压变频器

3.6.1　中、高压变频器原理

　　在冶金、化工、电力、市政供水和采矿等行业广泛应用的泵类负载，占整个用电设备能耗的 40% 左右，电费在自来水厂甚至占制水成本的 50%。这是因为：一方面，设备在设计时，通常都留有一定的余量；另一方面，由于工况的变化，需要泵机输出不同的流量。随着市场经济的发展和自动化，智能化程度的提高，采用高压变频器对泵类负载进行速度控制，不但对改进工艺、提高产品质量有好处，又是节能和设备经济运行的要求，是可持续发展的必然趋势。对泵类负载进行调速控制的好处甚多。从应用实例看，大多已取得了较好的效果（有的节能高达 30%～40%），大幅度降低了自来水厂的制水成本，提高了自动化程度，且有利于泵机和管网的降压运行，减少了渗漏、爆管，可延长设备使用寿命。

　　1. 泵类负载的流量调节方法及原理

　　泵类负载通常以所输送的液体流量为控制参数，为此，目前常采用阀门控制和转速控制两种方法。

1）阀门控制

这种方法是借助改变出口阀门开度的大小来调节流量的。它是一种相沿已久的机械方法。阀门控制的实质是改变管道中流体阻力的大小来改变流量。因为泵的转速不变，其扬程特性曲线 H-Q 保持不变，如图 3-23 所示。

当阀门全开时，管阻特性曲线 R_1-Q 与扬程特性曲线 H-Q 相交于点 A，流量为 Q_a，泵出口压头为 H_a。若关小阀门，管阻特性曲线变为 R_2-Q，它与扬程特性曲线 H-Q 的交点移到点 B，此时流量为 Q_b，泵出口压头升高到 H_b。则压头的升高量为：$\Delta H_b = H_b - H_a$。于是产生了阴线部分所示的能量损失：$\Delta P_b = \Delta H_b \times Q_b$。

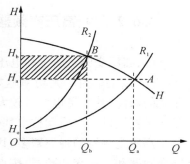

图 3-23　泵的阀门控制特性

2）转速控制

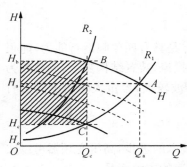

图 3-24　泵的转速控制特性

借助改变泵的转速来调节流量，这是一种先进的电子控制方法。转速控制的实质是通过改变所输送液体的能量来改变流量。因为只是转速变化，阀门的开度不变，如图 3-34 所示，管阻特性曲线 R_1-Q 也就维持不变。额定转速时的扬程特性曲线 H_a-Q 与管阻特性曲线相交于点 A，流量为 Q_a，出口扬程为 H_a。

当转速降低时，扬程特性曲线变为 H_c-Q，它与管阻特性曲线 R_1-Q 的交点将下移到 C，流变为为 Q_c。此时，假设将流量 Q_c 控制为阀门控制方式下的流量 Q_b，则泵的出口压头将降低到 H_c。因此，与阀门控制方式相比压头降低了：$\Delta H_c = H_a - H_c$。据此可节约能量为：$\Delta P_c = \Delta H_c \times Q_b$。与阀门控制方式相比，其节约的能量为：$P = \Delta P_b + \Delta P_c = (\Delta H_b - \Delta H_c) \times Q_b$。

将这两种方法相比较可见，在流量相同的情况下，转速控制避免了阀门控制下因压头的升高和管阻增大所带来的能量损失。在流量减小时，转速控制使压头反而大幅度降低，所以它只需要一个比阀门控制小得多的，得以充分利用的功率损耗。

随着转速的降低，泵的高效率区段将向左方移动。这说明，转速控制方式在低速小流量时，仍可使泵机高效率运行。

2. 其他负载的流量调节方法及原理

1）空气压缩机

当采用中、高压变频器控制拖动空气压缩机、鼓风机以及轧钢机等大型机械时，可精确地调节速度，保证工艺优化及产品质量。直接驱动工作机械，省去了减速机等中间环节，降低系统制造成本。同时，可与计算机或 PLC 通信，接受其控制指令，实现自动控制。

2）要求起动平滑的机械

大型交流异步电动机起动方式是直接起动或降压起动，起动电流大。对电网电压造成波动，影响其他电气设备的正常工作，而且主轴机械冲击力较大，容易造成机械疲劳，从而降低机械使用寿命。如果采用中、高压变频器可以实现软起动，使电动机的速度从零开始以适当的加速度平滑升速,直达给定转速。将电流限制在额定 1.5～2.0 倍之间。从而保证了起动和加速时具有足够的转矩,保证了电网稳定,提高了设备使用寿命。

3.6.2　中、高压变频器的分类与结构

中、高压变频器属于高电压、大功率设备,驱动对象是中、高压交流电动机,功率通常在 200 kW 以上。由于大功率电力电子器件的容量是和其额定电压相互联系的,所以额定电压高的器件,其容量也相对较大。因此,大功率、高耐压电力电子器件的出现,为制造中、高压变频器提供了物质和技术基础。

高压变频器的种类繁多,其分类方法也多种多样。按中间环节有无直流部分,可分为交交变频器和交直交变频器;按直流部分的性质,可分为电流型和电压型变频器;按有无中间低压回路,可分为高高变频器和高低高变频器;按输出电平数,可分为两电平、三电平、五电平及多电平变频器;按电压等级和用途,可分为通用变频器和高压变频器;按嵌位方式,可分为二极管嵌位型和电容嵌位型变频器等等。

1. 电流型高压变频器

由于在变频器的直流环节采用了电感元件而得名,其优点是具有四象限运行能力,能很方便地实现电机的制动功能。缺点是需要对逆变桥进行强迫换流,装置结构复杂,调整较为困难。另外,由于电网侧采用可控硅移相整流,故输入电流谐波较大,容量大时对电网会有一定的影响。

2. 电压型高压变频器

由于在变频器的直流环节采用了电容元件而得名,随着技术的进步,高压变频器可以实现四象限运行,也能实现矢量控制,已经成为当前传动系统调速的主流产品。

3. 高低高变频器

采用升降压的办法,将低压或通用变频器应用在中、高压环境中而得名。原理是通过降压变压器,将电网电压降到低压变频器额定或允许的电压输入范围内,经变频器的变换形成频率和幅度都可变的交流电,再经过升压变压器变换成电机所需要的电压等级。

这种方式,由于采用标准的低压变频器,配合降压、升压变压器,故可以任意匹配电网及电动机的电压等级,容量小的时候(<500 kW)改造成本较直接高压变频器低。缺点是升降压变压器体积大,比较笨重,频率范围易受变压器的影响,还有就是由于引入了变压器使得系统效率比较低。

4. 高高变频器

高高变频器无需升降压变压器,功率器件在电网与电动机之间直接构建变换器。由于功率器件耐压问题难于解决,目前最直接的做法是采用器件串联的办法来提高电压等级,其缺点是需要解决器件均压和缓冲难题,技术复杂,难度大。但这种变频器由于没有升降压变压器,故其效率较高低高方式的高,而且结构比较紧凑。

1) 高高电流型变频器

它采用 GTO,SCR 或 IGCT 元件串联的办法实现直接的高压变频,目前电压可达 10 kV。由于直流环节使用了电感元件,其对电流不够敏感,因此不容易发生过流故障,逆变器工作也很可靠,保护性能良好。其输入侧采用可控硅相控整流,输入电流谐波较大。变

频装置容量大时要考虑对电网的污染和对通信电子设备的干扰问题。均压和缓冲电路,技术复杂,成本高。由于器件较多,装置体积大,调整和维修都比较困难。逆变桥采用强迫换流,发热量也比较大,需要解决器件的散热问题。其优点在于具有四象限运行能力,可以制动。

需要特别说明的是,该类变频器由于较低的输入功率因数和较高的输入输出谐波,故需要在其输入输出侧安装高压自愈电容。

2) 高高电压型变频器

电路结构采用 IGBT 直接串联技术,也叫直接器件串联型高压变频器。其在直流环节使用高压电容进行滤波和储能,输出电压可达 13.8 kV,其优点是可以采用较低耐压的功率器件,串联桥臂上的所有 IGBT 作用相同,能够实现互为备用,或者进行冗余设计。缺点是电平数较低,仅为两电平,输出电压 dU/dt 也较大,需要采用特种电动机或加装共模电压滤波和高压正弦波滤波器,其成本会增加许多。由于它与低压变频器有着一样的拓扑结构,因此它像低压变频器一样具有四象限运行功能,也可以实现矢量控制。

这种变频器同样需要解决器件的均压问题,一般需特殊设计驱动电路和缓冲电路。对于 IGBT 驱动电路的延时也有极其苛刻的要求。一旦 IGBT 的开通、关闭的时间不一致,或者上升、下降沿的斜率相差太悬殊,均会造成功率器件的损坏。

3.6.3 中、高压变频器存在的问题

中、高压变频器具有通用变频器的所有功能。由于其高电压、大功率的缘故,在一些小功率变频器中本来不重要的问题,在这里却显现出来,而且成为评价中、高压变频器的一项重要技术指标。因此,对中、高压变频器需要重点考虑以下问题:

1. 与电网电压的关系

由于中、高压变频器功率较大,占电网功率的比例也较大,在起动和停机过程中会对电网造成较大的波动。

2. 谐波影响

由于中、高压变频器的高电压和大功率的缘故,必须对中、高压变频器输出波形畸变加以控制,否则,会对电网中其他负载的运行造成不利影响。中、高压变频器的输出电压含有大量的谐波成分,会造成电动机过热,产生过大的噪声,影响电动机寿命。因此,电动机必须降额使用。

3. 功率因数

大功率电动机是工矿企业的用电大户。所以,变频器的输入功率因数和效率将直接影响使用变频调速系统的经济效益。

4. 电网电压波动

电网电压波动会对电动机的绝缘造成疲劳损害,影响其使用寿命。如果处理不当,将会造成变频器损坏。

由于中、高压变频器存着以上问题,世界各发达国家的科学家和制造厂商都在不断努力,在元器件、电路结构以及控制方式上不断改进,改善并提高中、高压变频器的产品性能和质量。

3.6.4 国产高压变频器的发展现状

目前,在国内有不低于 200 家的低压变频器厂商,其大部分为 AC380V 的低压产品,而在高压大功率变频器方面,在 30 家左右。由于罗宾康没有在中国申请专利保护,因此绝大多数厂家都采用美国罗宾康的技术,即单元串联多重化结构。

随着技术研究的进一步深入,在理论上和功能上国产高压变频器已经可以与进口变频器相比肩,但是受工艺技术的限制,与进口产品的差距还是比较明显。这些状况主要表现在如下几个方面:

(1) 国外各大品牌的产品正加紧占领国内市场,并加快了本地化的步伐。

(2) 具有研发能力和产业化规模的逐年增加。

(3) 国产高压变频器的功率也越做越大,目前国内最大的应用做到了 20 000 kW。

(4) 国内高压变频器的技术标准还有待规范。

(5) 与高压变频器相配套的产业很不发达。

(6) 生产工艺一般,可以满足变频器产品的技术要求,价格相对低廉。

(7) 变频器中使用的功率半导体关键器件完全依赖进口,而且相当长时间内还会依赖进口。

(8) 与发达国家的技术差距在缩小,具有自主知识产权的产品正应用在国民经济中。

(9) 已经研制出具有瞬时掉电再恢复、故障再恢复等功能的变频器。

(10) 部分厂家已经开发出四象限运行的高压变频器。

(11) 矢量控制的高压变频器也已经在应用。

习题 3

1. SPWM 控制方式有哪两种?

2. 变频调速的基本原理是什么?

3. 基速以下调速与基速以上调速有什么不同?

4. 矢量控制的基本思想是什么?

5. 变频器的主电路由哪几部分组成? 各部分都有什么作用?

6. 在图 3-13 中,电容 C_{F1}、C_{F2} 的作用是什么? VT、S_L 各起什么作用?

第4章 变频器的功能选择与参数设定

1. 掌握变频器接线端子的功能。
2. 掌握变频器工作模式、参数设定、控制功能、接线组成。
3. 掌握变频器主电路和控制回路接线及其工艺。
4. 运用变频器操作模式进行各种参数设定。

目前,变频器已经广泛应用于各种生产机械的拖动系统中。国内外厂商生产的变频器种类繁多,但变频器的功能、原理、操作、维护及使用注意事项基本相同。为了叙述更加具体,本书主要以日本三菱公司生产的 FR - A540 系列变频器为例,说明通用变频器的使用与参数设定。

4.1 三菱 FR - A540 系列变频器简介

三菱变频器是采用矢量控制技术、PWM 原理和智能功率模块(IPM)的高性能变频器,其功率范围为 0.4～315 kW。为满足不同工业现场的应用,三菱公司推出了三个系列的变频器:

FR - A540 系列:适用于一般生产机械。

FR - F540 系列:适用于风机、泵类负载。

FR - A241E 系列:适用于势能负载。

4.1.1 三菱 FR - A540 系列变频器的特点

三菱 FR - A540 系列变频器具有以下特点:

1. 控制方式

采用矢量控制技术,无速度反馈开环控制的调速范围为 1:120。采用速度反馈闭环控制的调速范围可达 1:1000,且低速运行时转速均匀。

2. 逆变波形

采用 SPWM 技术和智能型功率模块(IPM),使变频器输出波形好、噪声低、抗干扰能力强。

3. 主要功能

① 具有停电减速停止功能、PID 控制功能、变频/工频切换功能和顺序控制功能等。

② 具有符合国际标准的现场总线通信功能。

③ 具有过电流、过电压、欠电压、漏电流、输出短路和防止失速等保护功能。

③ 附设累计功率监视及累计运行时间的监视功能,使用户可自行分析节能效果。

4.1.2 三菱 FR‑A540 系列变频器的规格型号

三菱 FR‑A540 系列变频器的输入三相电压为交流 380～480 V/50 Hz(60 Hz),其规格型号如表 4‑1 所示。

表 4‑1   三菱 FR‑A540 系列变频器规格型号

型　号	额定容量/(kV·A)	额定电流/A	适配电动机容量/kW
FR‑A540‑0.4K‑CH	1.1	1.5	0.4
FR‑A540‑0.75K‑CH	1.9	2.5	0.75
FR‑A540‑1.5K‑CH	3	4	1.5
FR‑A540‑2.2K‑CH	4.2	6	2.2
FR‑A540‑3.7K‑CH	6.9	9	3.7
FR‑A540‑7.5K‑CH	13	17	7.5
FR‑A540‑11K‑CH	17.5	23	11
FR‑A540‑15K‑CH	23.6	31	15
FR‑A540‑22K‑CH	32.8	43	22
FR‑A540‑37K‑CH	54	71	37
FR‑A540‑55K‑CH	84	110	55
FR‑A540L‑110K	165	216	110
FR‑A540L‑280K	417	547	280

4.2   三菱 FR‑A540 系列变频器的接线原理

三菱 FR‑A540 系列变频器的接线端子图如图 4‑1 所示。由图可知,变频器的接线端子主要分为两大类,主回路端子和控制回路端子。

4.2.1   主回路接线端子及外接选件端子

如图 4‑1 所示。

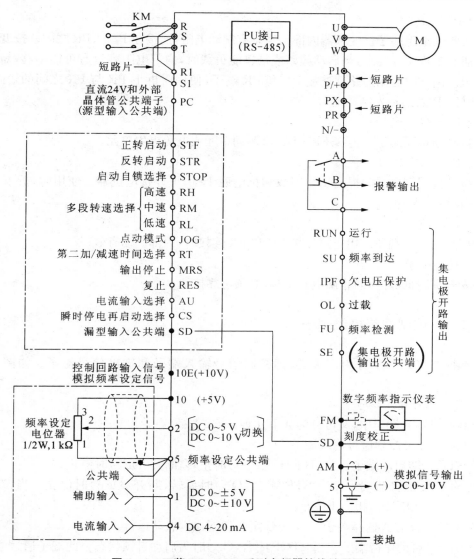

图 4-1　三菱 FR-A540 系列变频器接线端子图

1. 主回路接线端子

(1) R、S、T

工频交流电输入端子。经接触器或空气开关与三相交流电源连接(AC380-480 V)。

(2) U、V、W

变频器输出端子,接三相异步电动机。当电动机采用工频和变频两种方式工作时,应在电动机与变频器之间串入热继电器。需要注意的是,绝对不能连接在电力电容器或浪涌吸收器上。

2. 外接选件及其他端子

(1) R1、S1

控制回路电源端子。用于给内部控制电路供电。出厂时已用短路片连接 R-R1 和 S-S1。使用时拆下 R-R1,S-S1 之间的短路片,与交流电源 R、S 连接。

（2）P/＋、PR

外接制动电阻端子。变频器内部已经装有制动电阻,连接在 P/＋、PR 之间。按变频器技术手册和工程实际要求,当启动频繁或带势能负载时,内部电阻容量有可能不够,需外接制动电阻。出厂时已用短路片连接 PX 和 PR 端子,使用时拆下 PR 与 PX 之间的短路片,在 P/＋与 PR 之间接入制动电阻。

（3）P/＋、N/－

外接制动单元端子。连接 FR－BU 型制动单元或电源再生单元。

（4）P/＋、P1

外接电抗器端子。为提高功率因数和抗电磁干扰,可外接电抗器。使用时,折下 P/＋和 P1 之间的短路片。

（5）PR、PX

内部制动回路端子。用短路片将 PR 和 PX 连接时,内部制动有效。

（6）接地端子

为安全和降低噪声,防止漏电和干扰,必须可靠接地。

4.2.2　控制回路接线端子

控制回路接线端子分为两大类,即控制信号输入端子和输出信号端子。如图 4－1 所示。

1. 控制信号输入端子

控制信号输入端子中,又可分为如下几种:

（1）基本开关控制信号输入端子

① STF 正转启动端子。当 STF 闭合(ON)时正转,断开(OFF)时停止。

② STR 反转启动端子。当 STR 闭合(ON)时反转,断开(OFF)时停止。当 STF 和 STR 同时闭合(ON)时,相当于停止。

③ JOG 点动方式选择端子。当 JOC 闭合(ON)时,点动运行。

④ STOP 启动保持端子。当 STOP 闭合(ON)时为启动自锁状态。此端子通过参数设置可有第二功能。

（2）可编程控制信号端子

① RH、RM、RL 多挡转速选择端子。通过三个端子的不同组合.可选择多挡转速控制。此端子通过参数设置可有第二功能。

② RT 第二加/减速时间选择端子。当 RT 处于闭合(ON)时选择第二加速时间。

（3）功能设定端子

① MRS 输出停止端子。当 MRS 处于闭合(ON)20 ms 以上时,变频器输出停止。用于电磁抱闸停止电动机或在系统发生故障时停止变频器的输出。

② RES 复位端子。RES 闭合(ON)0.1 s 以上然后断开,用于解除保护电路的保护状态。

③ AU 电流输入选择端子。当 AU 闭合(ON)时,变频器可用直流 4～20 mA 电流信号设定频率。此端子通过参数设置可有第二功能。

④ CS 瞬时停电再启动选择端子。CS 处于闭合(ON)时,如果发生瞬时停电,变频器可自动再启动,出厂时设定为断开(OFF)。此端子通过参数设置可有第二功能。

⑤ SD 输入信号公共端子(漏型)。

⑥ PC 输入信号公共端子(源型)。

(4) 模拟频率给定信号端子

① 10 E 频率设定电源直流 10 V 端子,允许负载电流 10 mA。

② 10 频率设定电源直流 5 V 端子,允许负载电流 10 mA。

③ 2 模拟电压频率设定端子。输入直流 0～5 V 或 0～10 V 时,所对应的变频器输出频率为 $0～f_{max}$,输入电压与变频器输出频率成比例关系。

④ 4 模拟电流频率设定端子。输入直流 4～20 mA 电流时,所对应的变频器输出频率为 $0～f_{max}$,输入电流与变频器输出频率成比例关系。

⑤ 1 辅助频率设定端子。

⑥ 5 频率设定公共端子。

2. 控制信号输出端子

控制信号输出端子可分为报警信号输出端子和测量信号输出端子。

(1) 报警信号输出端子

① A、B、C 异常输出端子。以继电器形式输出信号。正常工作状态时,B-C 导通,A-C 断开。当变频器出现故障发生异常情况时,B-C 断开、A-C 导通。可用来切断变频器电源及接通报警装置。允许负载为交流 220 V/0.3 A、直流 30 V/0.3 A。

② RUN 变频器运行状态端子。变频器输出频率在启动频率以上时,输出信号为低电平;正在停止或直流制动时,输出信号为高电平。允许负载为直流 24 V/0.1 A。

③ SU 频率到达信号端子。当变频器输出频率到达设定频率的 ±10% 时,输出信号为低电平;正在加/减速或停车时,输出信号为高电平。允许负载直流 24 V/0.1 A。

④ OL 过载报警输出端子。当失速保护功能动作时,输出信号为低电平;当失速保护功能解除时,输出信号为高电平。允许负载直流 24 V/0.1 A。

⑤ IPF 欠电压保护输出端子。欠电压保护动作时,输出信号为低电平。允许负载为直流 24 V/0.1 A。此端子通过参数设置可有第二功能。

⑥ FU 频率检测端子。输出频率在设定检测频率以上时,输出信号为低电平。允许负载为直流 24 V/0.1 A。

⑦ SE 输出公共端子。在使用 RUN、SU、OL、IPF、FU 端子时,SE 作为公共端子。

(2) 测量信号输出端子

① FM 外接频率数字仪表端子。用于频率测量,外接数字频率计。

② AM 外接频率模拟仪表端子。用于频率测量,输出直流 0～10 V。外接模拟频率计。

③ PU 通信接口。操作面板,用于远距离操作时的通信接口。也可用于与计算机或 PLC 的通信接口。

4.3　变频器的操作模式

4.3.1　面板(PU)操作模式

　　变频器的操作可以直接在变频器面板(PU)的键盘上进行,也可以将操作面板摘下来,通过专用标准接口(RS-232 或 RS-485)用电缆连接进行不同距离的操作。图4-2 所示为三菱 FR-A540 系列变频器 FR-DU04 型的操作面板示意图,其各键的功能如表4-2 所示。

　　FR-DU04 控制面板键盘的主要功能是:设定变频器的运行频率及各项功能与参数,监视操作命令、运行参数及错误信息。

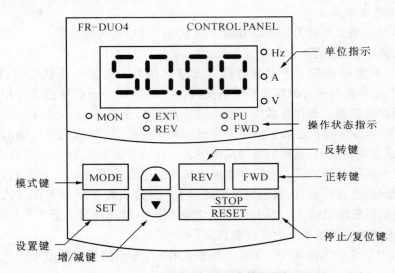

图 4-2　FR-DU04 型变频器操作面板示意图

表 4-2　FR-DU04 操作面板各键功能

按键名称	使用说明
MODE 键	模式选择键,用于选择操作模式和设定模式
SET 键	设置键,用于确定功能和参数的设定
增/减键	用于连续增减设定参数
FWD 键	正转键,用于给定正转指令
REV 键	反转键,用于给定反转指令
STOP/RESET 键	停止/复位键,用于停止或保护功能复位

　　显示屏和发光二极管的功能是:在功能预置时,显示屏显示功能码和参数码;在运行过程中,显示屏显示操作命令、运行参数及错误信息等。发光二极管用于显示参数的单位 Hz、

V、A 和工作状态(正转、反转)。

　　这种模式不需要其他外接控制信号,直接在控制面板上操作即可。用户在选择面板操作模式时,可通过操作模式选择功能参数 Pr. 79=0 或 1 来实现。

4.3.2　外部操作模式

　　外部操作模式通常在出厂时已经设定。也可通过功能与参数设定 Pr. 79=2 来实现。这种模式用外接启动开关和频率设定电位器来控制变频器的运行。图 4－3 所示为外部操作电路。外接启动开关与变频器正转(STF)、反转(STR)端子连接。频率设定电位器与变频器的 10、2、5 端子相连接,可输入直流 0~10 V、直流 0~5 V 模拟电压信号或直流 4~20 mA 的模拟电流信号控制变频器的输出频率。直流 10 V、直流 5 V、直流 20 mA 分别对应变频器输出的最高频率。

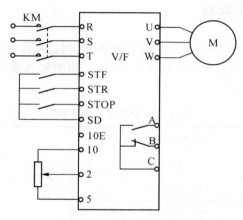

图 4－3　外部操作电路

4.3.3　组合操作模式

　　外部操作模式与控制面板(PU)组合操作时,可按下列两种方法中的任意一种操作来控制变频器。

　　1. 启动信号用外部信号设定

　　启动信号用外部信号设定,采用按钮、继电器、PLC 指令等控制 STF 和 STR。频率信号由 PU 操作设定。这种模式的功能与参数设定通过 Pr. 79=3 来实现。

　　2. 启动信号用控制面板(PU)设定

　　启动信号用控制面板(PU)设定,采用外部频率设定电位器设定频率。这种模式的功能与参数设定通过 Pr. 79=4 来实现。

4.3.4　计算机通信模式

　　通过 RS－232 或 RS－85 接口电路和通信电缆可将变频器的 PU 接口与 PLC、数字化仪表和计算机(称为上位机)相连接,实现数字化控制。当上位机的通信接口为 RS-232 接口时,应加接一个 RS-232 与 RS-485 的转换器。

计算机通信模式可通过功能与参数设定 Pr.79＝6 来实现。

4.4　变频器常用控制功能与参数设定

变频器具有多种可供用户选择的控制功能,用户在使用前,需根据生产机械拖动系统的特点和要求对各种功能进行设置。这种预先设定功能参数的工作称为动能预置。准确、细致地预置变频器的各项功能和参数,对于正确使用变频器和变频调速系统是至关重要的。

4.4.1　功能与参数设置

用户在功能预置时,首先确定系统所需要的功能,然后再预置功能所要求的参数。变频器操作手册中将各种功能划分为多个功能组,这些功能组的名称由相应的功能代码的范围来设定,详见表 4-3。

表 4-3　功能组代码范围

序列号	功能组名称	功能码范围
1	基本功能	Pr.0～Pr.9
2	标准运行功能	Pr.10～Pr.37
3	输出端子功能	Pr.41～Pr.43
4	第二功能	Pr.42～Pr.50
5	显示功能	Pr.52～Pr.56
6	自动再起动功能	Pr.57～Pr.58
7	附加功能	Pr.59
8	运行选择功能	Pr.60～Pr.79
9	电动机参数选择功能	Pr.80～Pr.96
10	V/F 调整功能	Pr.100～Pr.109
11	第三功能	Pr.110～Pr.116
12	通信功能	Pr.117～Pr.124
13	PID 调节功能	Pr.128～Pr.134
14	变频与工频切换功能	Pr.135～Pr.139
15	齿隙功能	Pr.140～Pr.143

（续表）

序列号	功能组名称	功能码范围
16	显示功能	Pr. 144
17	电流检验	Pr. 150～Pr. 153
18	端子安排功能	Pr. 180～Pr. 195
19	程序运行	Pr. 200～Pr. 230
20	多段速度运行	Pr. 231～Pr. 239

1. 功能码

表示各种功能的代码称为功能码,如三菱 FR‐A540 系列变频器中,"Pr. 79"为功能码,表示操作模式选择功能。

2. 参数码

表示各种功能所需要的参数代码,称为参数码。如"Pr. 79"功能码确定后,再置"2",即"Pr. 79＝2",说明选择了外部操作模式,"2"即为参数码。

4.4.2　频率给定功能

在变频调速系统中,要调节变频器的输出频率,首先应向变频器提供改变频率的信号。这个信号称为频率给定信号。

1. 面板给定方式

通过变频器操作面板的键盘进行频率参数的给定设置,称为面板给定方式。这种方式不需要外部接线,属于数字量给定方式,频率设置精度较高。

面板操作设定频率的步骤如图 4‐4 所示。

① 按 MODE 键切换到频率设定模式。

② 用增/减键给定频率至所需的数值。

③ 用 SET 键写入给定频率。

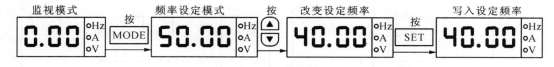

图 4‐4　面板操作设定频率

2. 外部给定方式

用变频器的输入端子输入频率给定信号来调节变频器输出频率的方式,称为外部给定方式。这种方式属于模拟量给定方式。这种方式与数字量给定方式相比,其频率精度略低。

（1）电压信号给定

以直流电压大小作为给定信号,称为电压给定信号,用 U_g 表示。

给定范围：直流 0～5 V、直流 0～10 V

电压给定信号功能设定：Pr. 73

参数设定范围：Pr. 73＝0   0～5 V

Pr. 73＝1   0～10 V

① 电位器给定   电压信号源由变频器内部直流电源 10、10E 端子(5 V 或 10 V)提供，如图 4-3 所示。给定信号从电位器滑动触点经变频器输入端子 2 输入。这种方式下，调节电位器可达到调节频率的目的。

② 直接电压给定   如图 4-5 所示，由外部控制仪表或传感器输出的控制电压直接向变频器频率设定端子 2、5 输入直流电压信号。

③ 辅助给定   辅助给定信号与主给定信号相叠加，取其代数和，起到调节变频器输出频率的辅助作用。端子 1 为辅助给定端子。

（2）电流信号给定

以直流电流的大小作为给定信号，称为电流信号给定。

将电流选择端子 AU 与公共端子 SD 接通闭合，即选择了电流信号给定方式。在远距离控制中，由外部控制仪表或传感器给定电流信号，范围是直流 4～20 mA，其中"零信号"为 4 mA，

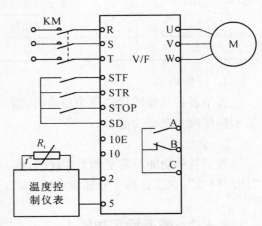

图 4-5   直接电压（电流）给定

它是为了检查电路是否正常工作。在进行测量时，如果有 4 mA 电流，说明电流给定电路工作正常，如图 4-6(a) 所示。

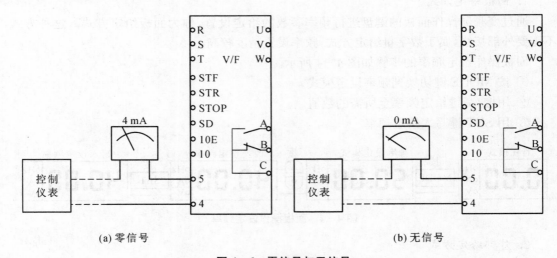

(a) 零信号   (b) 无信号

图 4-6   零信号与无信号

如果给定电流信号是 0 mA，说明电流给定电路发生故障，如图 4-6(b) 所示。这样就区分了零信号与无信号的意义。控制仪表或传感器输出的 4～20 mA 电流信号接至给定频率输入端子 4 和公共端子 5 之间。

4.4.3　变频器特定频率的功能和意义

变频器中有多种代表着不同意义的特定频率名称,这对用户正确使用变频器具有非常重要的意义。

1. 给定频率和输出频率

(1) 给定频率

与给定信号相对应的设定频率称为给定频率。用 f_G 表示。

(2) 输出频率

变频器实际输出的频率称为输出频率,用 f_X 表示。为改善变频调速后异步电动机的机械特性,变频器设置了一些补偿功能,如转矩补偿、矢量控制等功能。这些补偿功能会直接或间接地对变频器输出频率在给定频率的基础上进行调整。因此,由于受到各种补偿功能的影响,变频器的输出频率 f_X 并不一定等于给定频率 f_G。

2. 基本频率与最大频率

(1) 基本频率

与变频器最大输出电压所对应的频率称为基本频率,用 f_B 表示,如图 4 - 7 所示。基本频率的大小与给定频率无关。通常,基本频率 f_B 与电动机额定频率 f_N 相等。

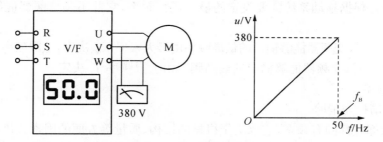

图 4 - 7　基本频率

(2) 最大频率

与最大给定信号相对应的变频器输出频率,称为最大频率,用 f_{max},表示,如图 4 - 8 所示。

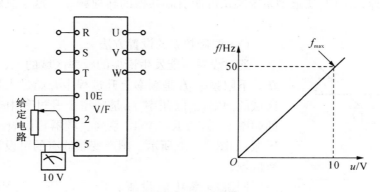

图 4 - 8　最大频率

3. 上限频率与下限频率

(1) 上限频率

与生产机械所要求的最高转速相对应的频率,称为上限频率,用 f_H 表示,如图 4-9 所示。

例如:某机床要求的最高转速是 300 r/min,相应的电动机转速是 1 200 r/min,则与此相对的运行频率是上限频率 f_H。采用模拟量给定方式,若给定信号是 0~5 V 的直流电压信号,则给定频率对应为 0~50 Hz。如果上限频率设定为 f_H=40 Hz,在给定电压大于 4 V 以后,变频器的输出频率都将保持 40 Hz。

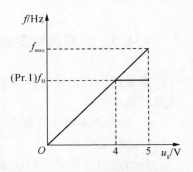

图 4-9　最大频率和上限频率
域给定信号的作用

上限频率的功能设定:Pr.1

参数设定范围:0~120 Hz

(2) 下限频率

与生产机械所要求的最低转速是相对应的频率,称为下限频率,用 f_L 表示。

例如:某机床要求的最低转速是 100 r/min,相应的电动机转速是 400 r/min,则与此相对应的运行频率是下限频率 f_L。

(3) 上限频率与最大频率的关系

上限频率是根据拖动系统需要设定的最大运行频率,它并不是变频器能够输出的最高频率。

当 $f_H > f_{max}$ 时,变频器能够输出的最高频率由最大频率 f_{max} 决定,上限频率将不起作用。

当 $f_H < f_{max}$ 时,变频器能够输出的最高频率由上限频率 f_H 决定。

4. 回避频率

(1) 机械谐振与消除

任何机械都有其固有频率,它取决于机械的结构、质量等方面的因素。机械在运行过程中,振动频率与运行转速有关。在拖动系统无级调速中,当机械的转速频率与机械的固有频率相等时,将引起机械共振。此时机械振幅较大,有导致机械磨损和损坏的可能。消除共振方法有二:一是改变机械的固有频率,但这种方法可实现性极小;二是跳开可能导致发生共振的频率。

在变频调速系统中,使拖动系统跳跃可能引起共振的转速频率。这个跳跃段的频率称为回避频率。

(2) 回避频率的设置方法

通过设置可能发生谐振的频率区域的上、下限来实现跳跃。下限频率 f_L 是频率上升过程中开始进入发生谐振频率区域的频率,上限频率 f_H 是频率上升过程中退出谐振区域的频率。三菱 FR-A540 系列变频器可设置三个回避频率区域,如图 4-10 所示。国产变频器有的可设置多个回避频率区域。

回避频率功能设置:Pr.31、Pr.32、Pr.33、Pr.34、Pr.35、Pr.36

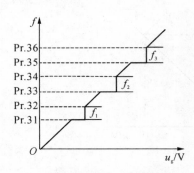

图 4-10　三个回避频率区

参数设置范围：0～400 Hz

4.4.4　起动控制功能

变频器控制的交流异步电动机起动应遵循以下两个原则：一是电动机的输出转矩大于负载转矩；二是系统的工作点频率大于变频器设定的最大起动频率。

1. 起动频率

起动电流不超过变频器与电动机的允许值，且满足拖动系统控制要求，这是选择并设定起动频率的原则。

（1）起动频率的设定

起动频率是指电动机开始起动时的频率，用 f_s 表示。可以从 $f_s=0$ Hz 开始，但对于惯性较大或摩擦转矩较大的负载，为容易起动，起动时需要有合适的机械冲击力。可预置合适的起动频率，使电动机在该频率下直接起动，如图 4-11 所示。

起动频率功能设定：Pr. 13

参数设定范围：0～60 Hz

（2）起动前的直流制动

如果系统在起动时，电动机已经有一定的转速，则需要在起动前进行直流制动，以保证拖动系统安全可靠地从零开始运行。

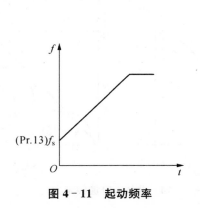

图 4-11　起动频率　　　　　图 4-12　升速时间与降速时间

t_3 为升速时间　t_2 为降速时间

2. 升速和降速时间

（1）升速时间

生产机械在运行过程中，升速/降速均属于从一种状态转变到另一种状态的过渡过程，如图 4-12 所示。

在起动过程中，变频器的输出频率 f_X 由 0 Hz 上升到给定频率 f_G 所需的时间，称为升速时间（t_1），如图 4-12 所示。对于升速过程，时间越短越好，但升速时间越短，越容易引起过电流，这是升速过程中的矛盾。因此，在不过流的前提下，应尽量缩短升速时间。

升速时间功能设定：Pr. 7

参数设定范围：Pr. 20=0　0～3 600 s

　　　　　　　　Pr. 20=1　0～360 s

（2）降速时间

在减速停车过程中，变频器输出频率 f_X 由给定频率 f_G 减小到 0 Hz 所需的时间，称为降速时间(t_2)，如图 4-12 所示。电动机在降速过程中，有时会处于再生发电状态。再生电能回馈到变频器的直流电路，产生泵生电压，使变频器的中间直流环节直流电压升高。而且降速时间越短.泵生电压越高，越容易损坏整流环节和逆变器。在考虑设备承受泵生电压能力和提高生产效率的前提下，应尽量缩短降速时间。

降速时间功能设定：Pr. 8

参数设定范围：Pr. 20＝0   0～3 600 s

Pr. 20＝1   0～360 s

3．升速/降速方式

工程实践中，不同的工作场合对电动机起动和停止有不同的要求。因此，升速和降速有三种控制方式。

（1）线性控制方式

频率与时间呈直线关系，如图 4-13 所示。多数负载可设置这种方式。

线性控制方式功能设定：Pr. 29＝0

（2）S形 A 控制方式

在开始和结束阶段，升速/降速比较缓慢，如图 4-14(a)所示。这种方式适用于电梯、传送带等机械的升速过程。

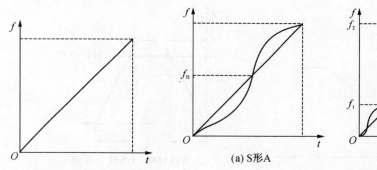

图 4-13　线性升速控制方式　　　图 4-14　非线性升速控制方式

S 形 A 控制方式功能和参数设定：Pr. 29＝1

（3）S形 B 控制方式

在两个频率 f_1、f_2 之间提供一个 S 形 A 升速/降速曲线，如图 4-14(b)所示，具有缓解升速/降速过程中的振动作用。

S 形 B 控制方式功能和参数设定：Pr. 29＝2

4.4.5　制动控制功能

1．电动机的停车

电动机自然停车有两种情况：一是变频器按照设置的降速时间和方式逐步降低输出频率，使电动机转速随之下降，直至停止；二是变频器输出电压为零，也就是切断电动机电源，电动机转速随时间而下降,直至停止。但由于转子本身的惯性,电动机不能马上停止。从生产工艺和安全考虑,有的拖动系统需要电动机及时准确地停车,这就需要实施对电动机的制动控制。

2. 再生制动

变频器按照设置的降速时间和方式逐步降低输出频率时,由于负载的惯性,电动机转子转速有时会超过同步转速,使得电动机进入再生发电状态。转子受到反向力矩作用,起到制动作用,称为再生制动。与此同时,电动机的再生电能回馈到变频器直流电路,产生泵生电压。

3. 再生电能的处理

如果采用有源逆变器,将电动机再生制动时产生的能量回馈到交流电网,就能够避免由于泵生电压过高而损坏变频器。

采用变频器制动单元中的制动电阻来消耗电动机再生电能的制动方式,称能耗制动。小功率变频器的制动单元和制动电阻都置于变频器内部。采用能耗制动时,在内部电阻容量不够的情况下需外接制动电阻,FR - A540 系列变频器的 P/＋、PR 端子为外接制动电阻接线端子。

4. 直流制动

(1) 直流制动原理

当变频器的输出频率接近为零,电动机的转速降低到一定数值时,变频器改为向异步电动机定子绕组中通入直流电,形成静止磁场。此时,电动机处于能耗制动状态,转动着的转子切割该静止磁场而产生制动转矩,使电动机迅速停止。

由于旋转系统存储的动能转换成电能,并以热损耗的形式消耗于异步电动机的转子回路中,为防止这种电动机减速过程中所形成的再生发电制动以及直流制动过程中电动机的发热,串入制动单元与制动电阻,这种方法称为直流制动。

对于大惯性负载来说,仅靠负载转矩或摩擦转矩制动停机常常是停不住的,且停机后还会出现"爬行"现象。如果采用直流制动,可实现快速停机,消除"爬行"现象。对于某些要求快速停机的拖动系统,因减速时间太短会引起过高的泵生电压,也有必要引入直流制动。

(2) 直流制动功能设置

① 直流制动动作频率 f_{DB} 大多数情况下,直流制动是和再生制动配合使用的。首先用再生制动方式,使电动机转速降至较低,然后切换成直流制动使电动机迅速停机,与此切换时所对应的频率称为直流制动动作频率 f_{DB},如图 4 - 15 所示。负载要求制动时间越短,则动作频率 f_{DB} 越高。

直流制动动作频率功能设定:Pr. 10

参数设定范围:0～120 Hz

② 直流动作电压 $U_{DB}(U\%)$ 在定子绕组上施加的直流电压的大小。用与电源电压的百分比表示。它决定了直流制动的强度,如图 4 - 15 所示。

直流动作电压功能设定:Pr. 12

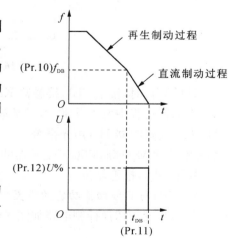

图 4 - 15　直流制动参数设定

参数设定范围：0～30％

③ 直流制动时间 t_{DB} 直流制动时所加动作电压 U_{DB} 的时间长短称为直流制动时间 t_{DB}。预置直流制动时间的主要依据是负载是否有"爬行"现象。

风机在停机状态下，有时会因自然风对流而反方向旋转，如遇这情况，应在起动前直流制动，保证电动机转速从 0 开始。

制动时间功能设定：Pr. 11

参数设定范围：0～10 s

4.4.6　工频与变频的切换功能

在变频调速拖动系统运行过程中，有时变频器会发生故障，而这时由于生产工艺和安全需要，又不允许停车。因此，需要将电动机立即切换到工频运行。变频器的这种控制，称为变频与工频的切换功能。

1. 变频器的跳闸

在变频器的输出端子中，配置有异常输出端子。当变频器运行过程中出现严重故障时，异常输出端子 A、B、C 将因保护功能动作而输出信号。图 4-16 所示为异常输出保护及报警电路。

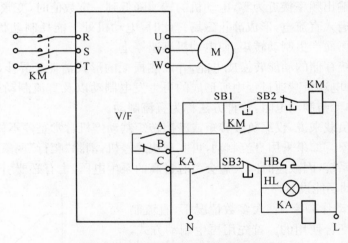

图 4-16　异常输出保护及报警电路

开始运行时，按下 SB1，接触器 KM 线圈得电并自锁，主触头 KM 闭合，给变频器供电。

当运行过程中发生异常时，异常输出端子 A-C 接通，继电器 KA 线圈得电并自锁，报警灯 HL 与蜂鸣器 HB 声光报警。与此同时，异常输出端子 B-C 分断，接触器 KM 线圈失电，主触点 KM 分断，切断了变频器的电源。

按下 SB3，报警复位。

2. 工频与变频切换功能的设置

工频与变频切换控制电路如图 4-17 所示。

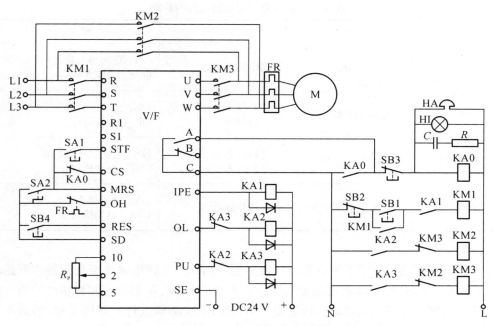

图 4 - 17　工频与变频切换控制电路

（1）变频与工频切换顺序输出端子选择

功能设定：Pr. 135

参数设定范围：

Pr. 135＝0 无顺序输出，切换功能无效，Pr. 136 ～Pr. 139 设置无效

Pr. 135＝1 有顺序输出，切换功能有效，Pr. 136 ～ Pr. 139 设置有效

Pr. 136＝0.3 变频与工频切换控制继电器 KA2、KA3 互锁时间设定为 0.3 s

Pr. 137＝0.5 启动等待时间设定为 0.5 s

Pr. 138＝1 报警切换功能有效，一旦发生报警 KA3 分断，KA2 闭合

Pr. 139＝9 999 自动切换功能失效

（2）调整部分多功能端子

Pr. 185＝7 使 JOG 端子调整为 OH 端子，用于接收外部热继电器的控制信号

Pr. 186＝6 使 CS 端子用于自动再启动控制

（3）调整部分输出功能

Pr. 192＝17 使 IPF 端子用于控制 KA1

Pr. 193＝18 使 OL 端子用于控制 KA2

Pr. 194＝19 使 FU 端子用于控制 KA3

3. 各输入信号对输出状态的影响

当选择了 Pr. 135＝1 变频与工频切换功能有效时，各输入信号对输出状态的影响如表 4 - 4 所示。

表 4-4　输入信号对输出状态的影响

信　号	使用端子	功　能	输出状态
MRS	MRS	操作是否有效	ON：变频与工频运行切换有效 OFF：操作无效
CS	用多功能端子定义	变频运行与工频运行的切换	ON：变频运行 OFF：工频运行
STF(STR)	STF(STR)	变频运行指令，对工频运行无效	ON：电动机正(反)转 OFF：电动机停止
OH	可定义任意端子为OH	外部热继电器	ON：电动机正常 OFF：电动机过载

4. 主电路

如图 4-17 所示，三相工频电源通过接触器 KM1，将工频电源接至变频器主回路输入端子 R、S、T。接触器 KM3 将变频器主回路输出端子 U、V、W 接至三相异步电动机。接触器 KM2 将工频电源接至电动机。接触器 KM2 和 KM3 必须进行可靠的互锁，绝对不允许同时接通，否则会损坏变频器。热继电器 FR 用于工频时电动机的过载保护。

5. 控制电路

（1）变频器起动与变频运行

首先使开关 SA2 闭合，接通 MRS 允许变频与工频切换。由于已经设置了 Pr. 135＝1 切换功能有效，这时中间继电器 KA1 和 KA3 吸合，KM3 得电，将变频器主回路输出端子接通电动机。按下 SB1，KM1 得电，将变频器电源接通。同时，由于 KM2 和 KM3 的互锁，切断了工频运行电路。将开关 SA1 闭合，变频器正转起动，进入变频运行状态，其输出频率由电位器 Rp 调节。

（2）变频与工频的切换过程

当变频器发生故障时，异常输出端子 A、B、C 中的 A、C 接通。继电器 KA0 得电吸合（KA0 线圈两端并联一个 RC 吸收回路，以消除 KA0 线圈的自感）KA0 的动断触点分断，切断了 CS 端子，允许变频与工频的切换，蜂鸣器和指示灯同时声光报警。

与此同时，继电器 KA1、KA3 断电，KA2 吸合，接触器 KM2 得电闭合，电动机接入工频电源。由于 KM2、KM3 的互锁，切断了变频器的输出。由 Pr. 136、Pr. 137 所设置的时间，系统自动进行变频运行到工频运行的切换。

4.4.7　瞬时停电再起动功能

当由工频切换到变频运行或者瞬时停电再恢复供电时，电动机可以保持自由运行状态一小段时间，然后变频器自动再起动，这称为瞬时停电再起动功能。

1. 变频器的连接

当设定瞬时停电自动再起动功能时，变频器报警信号中的 IPF 端子在瞬时停电发生时不动作。在需要进行瞬时停电再起动或者工频切换到变频运行时应将 CS 和 SD 端子短接。

2. 瞬时停电再起动功能的设置

(1) 瞬时停电再起动自由运行时间

功能设定：Pr.57

参数设定范围：0.1～5 s，最小设定单位为 0.1 s

出厂设定为 9 999，表示瞬时停电再起动或工频切换到变频运行恢复供电时，电动机将不再起动。

(2) 再起动电压上升时间

功能设定：Pr.58

参数设定范围：0～60 s，最小设定单位为 0.1 s，出厂设定为 1 s

(3) 瞬时停电再起动动作选择

功能设定：Pr.162＝0 频率搜索

　　　　　　Pr.162＝1 无频率搜索

(4) 瞬时停电再起动第一缓冲时间

功能设定：Pr.163

参数设定范围：0～20 s

(5) 瞬时停电再起动第一缓冲电压

功能设定：Pr.164

参数设定范围：0～100％

(6) 再起动失速防止动作水平

功能设定：Pr.165

参数设定范围：0～200％

4.4.8　多挡转速控制功能

多挡转速控制是变频器可编程控制的功能之一，掌握这种功能的运用对实际工程具有很重要的价值。

1. 多挡速度控制的方法

变频器输入端子中 RH、RM、RL 为多挡转速控制端子。根据这几个输入端子的开关状态，可组合成 1～15 挡转速。每挡转速设置对应相应的工作频率，使电动机转速的切换可以通过开关电器或 PLC 自动控制。外接输入端子的状态组合与多挡转速控制的对应关系如图 4 - 18 所示。具体操作方法是：

(1) 多挡转速功能设置

以三个输入端子 RH、RM、RL 组合的 7 挡转速为例（如图 4 - 18 所示）。

多挡转速功能设置：

Pr.180＝0 RL 端子功能选择

Pr.181＝1 RM 端子功能选择

Pr.182＝2 RH 端子功能选择

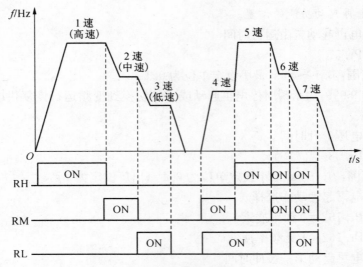

图 4-18　多挡转速控制

(2) 各挡转速的对应工作频率

各挡转速给定频率设置：

1～3 挡的设置：(高速)Pr. 4、(中速)Pr. 5、(低速)Pr. 6

4～7 挡的设置：Pr. 24、Pr. 25、Pr. 26、Pr. 27

参数设定范围：0～400 Hz

2. 多挡转速控制特点

多挡转速功能的实现,是变频器外部输入端子开关状态所组合的程序控制。较为简单的系统采用行程开关切换控制各挡转速,在一些机械的往复运动中,转速与方向的切换控制,就是靠行程开关的状态来实现切换控制的。

3. 多挡转速程序控制实例

(1) 控制时序

图 4-19 所示为多挡转速控制时序图。由图可见,电动机起动后,同时接通变频器的 RH 端子,电动机以频率 f_1 及所对应的转速 n_1 运行,为第一挡转速。当碰到行程开关 SQ1 时,接通变频器的 RM 端子,电动机以频率 f_2 及所对应的转速 n_2 运行,进入第二挡转速。当碰到行程开关 SQ2 时,接通变频器的 RL 端子,电动机以频率 f_3 及所对应的转速 n_3 运行,进入第三挡转速。当碰到行程开关 SQ3 时电动机降速并停车。

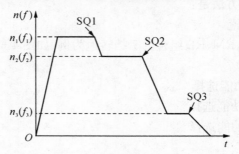

图 4-19　多挡转速时序控制图

（2）控制电路

图 4 - 20 所示为多挡转速控制电路。可见,电动机起动后的第一挡运行频率及转速是由 RH 状态决定的。第二挡运行频率及转速是由 RM 状态决定的。第三挡运行频率及转速是由 RL 状态决定的。

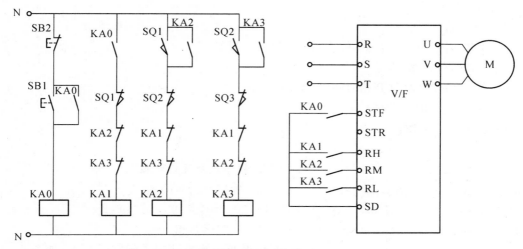

图 4 - 20 多挡转速控制电路

（3）电路工作原理

按下 SB1 继电器 KA0 得电并自锁,接通变频器正转起动端子 STF,电动机开始升速,同时使继电器 KA1 也得电,接通变频器高速端子 RH,决定了第一挡转速的工作频率 f_1。由于 KA1、KA2、KA3 的互锁关系,增强了电路的可靠性。

当行程开关 SQ1 动作时,KA1 失电,使 KA2 得电并自锁,接通中速端子 RM,决定了第二挡转速的工作频率 f_2。

当行程开关 SQ2 动作时,KA2 失电,使 KA3 得电并自锁,接通低速端子 RL,决定了第三挡转速的工作频率 f_3。

当行程开关 SQ3 动作时,KA3 失电,断开了低速端子 RL,变频器输出频率降至为 0 Hz。

以上是三挡转速控制,如果超过四挡以上,应采用 PLC 控制。

4.4.9 程序控制功能

对于一个需要多挡速控制的系统来说,除可用外部输入端子组合切换外,也可采用变频器内部的定时器来自动完成切换。这种自动运行方式称为程序控制,也称为简易 PLC 控制。

1. 程序控制功能与参数设置

（1）程序运行功能

Pr. 79＝5

（2）分组

程序控制中,将电动机旋转方向、频率和运行时间(开始时间)这 3 个要素定义为一个点,每 10 个点为一个运行组,共分 3 个运行组。

1 组 Pr. 201~Pr. 210

2 组 Pr. 211~Pr. 220

3 组 Pr. 211~Pr. 230

(3) 参数设置范围

0~2 电动机旋转方向,0　停止;1　正转;2　反转

0~400 运行频率

0~99.59 运行时间(开始时间)单位:s、min、h

(4) 程序运行时间选择

Pr. 200=0　单位:min、s

Pr. 200=1　单位:h、min

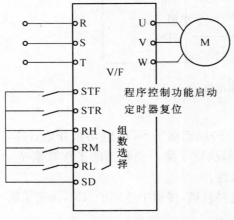

图 4-21　程序控制运行组

2. 程序控制设置步骤

(1) 确定运行时间单

Pr. 200=0,0~99 min 59 s。

(2) 确定运行组

采用变频器外部端子确定运行组,如图 4-21 所示。各端子功能如下:

RH 1 组

RM 2 组

RL 3 组

STF 程序控制功能启动

STR 定时器复位

(3) 设置程序段参数

依照系统运行时序,将程序段各点的参数输入到所对应的指令中。例如,某拖动系统运行程序如图 4-22 所示。

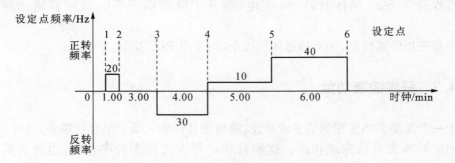

图 4-22　某拖动系统的运行程序

程序设置如下:

Pr. 200=0 0~99 min 59 s

Pr. 201＝1、20、1.00　　正转、20 Hz、1 min
Pr. 202＝0、0、3.00　　停止、0 Hz、3 min
Pr. 203＝2、30、4.00　　反转、30 Hz、4 min
Pr. 204＝1、10、5.00　　正转、10 Hz、5 min
Pr. 205＝1、40、6.00　　正转、40 Hz、6 min
Pr. 206＝0、0、50.00　　停止、0 Hz、50 min

4.4.10　PID 调节功能

具有对信号进行比例(P)、积分(I)、微分(D)运算功能的硬件电路或软件称为 PID 调节器,它属于闭环控制,具有智能化控制的特点。

反馈信号取自拖动系统的输出端,当输出量偏离所要求的目标值时,反馈信号也随之成比例地变化。在输入端,目标信号值与反馈信号值相比较,得到一个偏差信号。对于这个偏差信号,经过 PID 调节,变频器改变其输出频率,迅速准确地消除偏差值,使系统回复到目标值,达到自动控制的目的。

1. PID 控制系统基本组成

以 PID 调节器为核心组成的闭环系统,称为 PID 调节系统。下面以 PID 控制的恒压供水系统为例予以说明。

图 4‐23 所示为 PID 调节恒压供水系统示意图。供水系统的实际压力由压力传感器将压力信号转换成电信号,反馈到 PID 调节器的输入端,组成闭环控制系统。

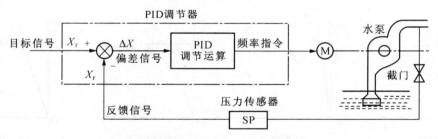

图 4‐23　PID 调节恒压供水系统示意图

(1) 目标信号

目标信号用 X_T 表示,是与所要求的水泵出水压力相对应的信号。通常由变频器键盘给定。

有时由于控制的需要,也可通过模拟量端子进行给定。

(2) 反馈信号

变频器的控制对象是水泵出水压力。压力传感器实际测量的出水压力信号反馈到变频器中 PID 调节器输入端,这个出水压力信号,称为反馈信号,用 X_F 表示。

(3) 偏差信号

目标信号与反馈信号相比较而得到的偏差值,称为偏差信号,也称为静差信号,用 ΔX 表示。

2. PID 控制系统工作过程

(1) 比较环节及调节过程

首先向 PID 调节器输入一个目标信号 X_T,这个目标信号所对应的是系统给定压力 Pp。压力传感器将供水系统的实际压力转换成电信号 X_F 反馈到 PID 调节器的输入端,反馈信号 X_F 与目标信号 X_T 相比较而得到偏差信号 ΔX。

$$\Delta X = X_T - X_F \tag{4-1}$$

当 $\Delta X > 0$ 时,目标信号>反馈信号($X_T > X_F$),说明出水压力并未达到预期控制目标,变频器输出频率上升,水泵升速,提高出水压力。

当 $\Delta X < 0$ 时,目标信号<反馈信号($X_T < X_F$),说明水压已经超过预期控制目标,变频器输出频率下降,水泵降速,降低出水压力。

当系统的供水压力(反馈信号 X_F)无限地接近给定压力(目标信号 X_T)时,偏差信号 $\Delta X \to 0$。此时,系统工作在相对稳定状态,这时偏差信号最小,供水基本保持恒压。但是,无论系统动态性能多么好,也不可能完全消除偏差,ΔX 不可能为零。如果偏差信号太小,则系统反应就可能不够灵敏,为提高系统的灵敏程度,系统引入比例环节。

(2) 比例环节(P)的功能

比例环节由比例放大器或软件组成,称为比例调节器,放大倍数为 K_P,如图 4-24(a)所示。很小偏差信号 ΔX,但经过比例环节放大 K_P 倍后,用作变频器的频率给定信号。频率给定信号用 X_G 表示。

$$X_G = K_P(X_T - X_F) = K_P \Delta X \tag{4-2}$$

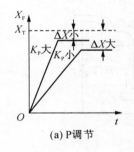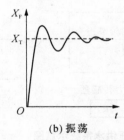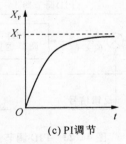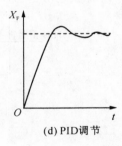

(a) P调节　　　(b) 振荡　　　(c) PI调节　　　(d) PID调节

图 4-24　PID 调节作用

将偏差信号放大 K_P 倍后,提高了系统的反应速度,可迅速回复到预期的控制目标,比较准确地调节水泵压力。但 K_P 的大小对控制系统是有影响的。

K_P 过大 $K_P \Delta X$ 也越大,出水压力的反馈信号 X_F 跟踪到目标值 X_T 的速度必定很快。由于系统的惯性,很容易发生 $X_T < X_F (\Delta X < 0)$ 的现象,这种现象称为"超调"。于是控制又向反方向调节,这样使出水压力反馈信号 X_F 在目标信号值 X_T 附近振荡,如图 4-24(b)所示。

K_P 过小,系统的反应迟钝,调节的速度必然放慢,系统回复到目标信号值所用的时间较长。

为缓解比例环节因放大倍数过大出现的超调现象,系统引入积分(I)环节。

（3）积分环节（I）的功能

积分环节是由积分电路或软件组成。其功能是：只要调节器输入端偏差信号 ΔX 存在，积分环节的输出就会随时间不断地对其调节，直到偏差信号 $\Delta X=0$ 时为止。所以积分调节属于滞后调节。由比例环节功能可知，提高比例放大倍数 K_P 后，虽然提高了系统反应速度，但容易出现超调或振荡，使得水泵电动机升、降速过于频繁。引入积分环节后则延长了水泵电动机的升、降速时间，抑制了因 K_P 过大而引起的超调和振荡。由比例环节和积分环节共同组成的调节器称为比例积分（PI）调节器，如图 4-24(c)所示。

（4）微分环节（D）的功能

微分环节是由微分电路或软件组成。其功能是：根据偏差信号的变化趋势（偏差信号变化率 $\Delta X/t$），提前给出调节动作。所以微分调节属于超前调节。当出水压力刚刚下降时，则微分环节立即检测到出水压力的下降趋势，这时偏差信号的变化率 $\Delta X/t$ 很大。此时水泵电动机转速会很快增大，随着出水压力的增大，偏差信号变化率 $\Delta X/t$ 会逐渐减小，直至为零，微分作用随之消失。

图 4-24(d)所示为 PID 调节示意图，可以看出，经 PID 调节后的供水压力，既保证了系统动态响应速度，又避免了调节过程可能出现的振荡，并减小了超调，使得系统出水压力保持恒定。

3. PID 调节功能设置

在采用 PID 调节的闭环控制系统中，变频器输出频率 f_X 与被控量之间的变化趋势相反，称为负反馈。如恒压供水系统中，出水压力越高，则要求变频器的输出频率 f_X 越低。

变频器的输出频率与被控量之间的变化趋势相同，称为正反馈。如中央空调系统中，温度越高，则要求变频器输出频率越高。

（1）PID 功能的三种动作

Pr.128＝0　PID 功能无效

Pr.128＝1　负反馈

Pr.128＝2　正反馈

当选择 PID 调节功能有效时，变频器完全按照 PID 三个环节的调节规律运行。变频器的输出频率 f_X 只根据偏差信号 $\Delta X=X_T-X_F$ 的大小进行自动调整，变频器的输出频率 f_X 与被控量之间并无对应关系。ΔX 的大小与变频器的升、降速过程完全取决于 PID 的参数设置，而原来的升、降速时间将不再起作用。

由于偏差信号的存在以及积分环节的作用，变频器的输出频率 f_X 始终处于调整状态。因此，变频器操作面板（PU）上显示的频率是不稳定的。

（2）目标信号值给定方式

① 键盘给定方式：目标信号值是个百分数，可由操作键盘直接给定。

② 电位器给定方式：如图 4-25 所示，目标信号从变频器的频率给定端子 2 输入，反馈信号接至模拟电流端子 4 与公共端子 5 之间。若变频器已经设置为 PID 调节方式，则调节目标信号值时，显示屏上显示为百分数。

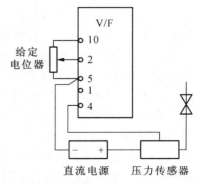

图 4-25　电位器给定方式

③ PID 参数设置：

比例放大倍数：K_P　Pr.129＝0.1%～1 000%　（9 999 无效）。

积分时间：T_i　Pr.130＝0.1 ～ 3 600 s　（9 999 无效）。

微分时间：T_d　Pr.134＝0.01 ～ 10.00 s　（9 999 无效）。

PID 参数要在系统运行之前的调试中反复试验来确定。

4.4.11　控制方式的选择功能

变频器常用的控制方式有：V/F 控制和矢量控制。

Pr.80＝9 999　　V/F 控制方式

Pr.80＝0.4 ～ 55 kW(电动机容量)　矢量控制方式

1. 转矩补偿

(1) 问题的提出

由电机理论可知,异步电动机定子电压平衡方程为

$$U = -E + IR + jIX_L = -E + IZ \tag{4-3}$$

式中：U——异步电动机定子绕组交流电压,单位 V;

　　　IR——异步电动机定子绕组的电阻压降,单位 V;

　　　jIX_L——异步电动机定子绕组的漏抗压降,单位 V;

　　　Z——异步电动机定子绕组总阻抗,单位 Ω。

如果忽略电动机定子绕组的阻抗压降 IZ,由式(4-3)可得

$$U \approx -E \tag{4-4}$$

当电动机定子绕组中交流电频率 f 调至较低时,定子绕组电压 U 也要相应调低,而事实上定子绕组的阻抗压降 IZ 并不减小。随着频率 f 的降低,定子绕组感应电动势有效值 E 所占比例将逐渐减小。E 与 U 的差值增大,E/f 与 U/f 差值也增大。

当 U/f＝常数时,E/f 随频率的下降而减小,主磁通 Φ_M 也随之减小,电动机的电磁转矩 T_M 也必然降低,使电动机的带载能力下降。因此,在交流电频率 f 较低的情况下,定子绕组的阻抗压降 IZ 就不能再忽略不计了。

(2) 转矩补偿方法

为满足低频情况下"U/f＝常数"的条件能够应用,对于定子绕组的阻抗压降 IZ,可采取有针对性的电压补偿,称为转矩补偿(转矩提升)。其方法是：在 U/f＝常数的基础上适当提高 U/f 的比值,也就是提高定子相电压有效值 U,使 U/f 更接近 E/f,以补偿定子绕组的阻抗压降 IZ,保持主磁通 Φ_M 不变。

2. U/f 转矩补偿线的选择

在 V/F 控制方式下,电动机以额定频率运行时,定子绕组所加的电压是电动机的额定电压,无需进行电压补偿。

U/f 的比值不同,其曲线的斜率也不同,U/f 的比值曲线称为转矩补偿曲线。如何选择电压与频率的比值(U/f)曲线在工程中具有十分重要的意义。

(1) 基本 U/f 线

当变频器输出频率从 0 Hz 上升到基本频率 50 Hz 时,输出电压也从 0 V 按正比关系上升到额定电压 380 V 的 U/f 比值线,称为基本 U/f,如图 4-26 中 1 号线所示。

（2）转矩补偿线的选择

变频器中存储着数条可供用户选择的转矩补偿 U/f 曲线,除基本 U/f 线外,每条曲线所对应的电压补偿量不同,如图 4-26 所示。电压补偿量为最大输出电压的百分比。有两种方式进行补偿。

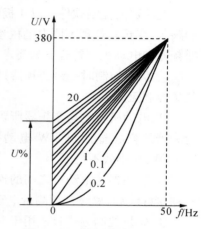

图 4-26 转矩补偿 U/f 线

① 自动转矩补偿 变频器根据检测的电动机参数自动选择 U/f 曲线,称为自动转矩补偿。采用这种补偿方式的最大优点是可以加大电动机的起动转矩。当起动电流为额定电流的 150% 时,起动转矩可达额定转矩的 200% 左右。

由于变频器内部不断地检测电动机参数并进行判断、比较等操作,使系统的动态响应能力降低。对于负载变化率较大的系统不适合采用这种方式。

② 手动转矩补偿 采用面板操作设置电压补偿量,称为手动转矩补偿。采用手动转矩补偿选择 U/f 曲线的原则是:对于较轻负载,补偿电压不宜设置过大;对于较重负载,应适当提高补偿电压的设定值。其补偿程度用户可根据上述原则并依据拖动系统的工作情况进行选择与设置。图 4-26 中供用户选择 U/f 曲线中的多条直线,用于恒转矩负载。图 4-26 中 1 号线为基本线,编号越大,电压补偿量也越大。对于二次方律负载,则提供了两条低减线,如图中的 0.1 号和 0.2 号线。

转矩补偿功能设置：Pr.0

参数设定范围：0～30%

3. 矢量控制方式的选择

选择矢量控制方式,变频器将对电动机参数进行一系列的等效变换。所以,将电动机参数预置给变频器是矢量控制的先决条件。

（1）矢量控制的功能设置

电动机容量功能设置：Pr.80

参数设定范围：0.4～55 kW

电动机磁极数功能设置：Pr.81

参数设定范围：2、4、6、12

以上两种功能的参数设定如果是 9 999,则矢量控制无效,默认为 V/F 控制方式。值得注意的是,如果选择矢量控制方式,变频器将进行自动转矩补偿,手动转矩补偿将无效。

（2）电动机参数的自动测量

FR-A540 系列变频器具有电动机参数自动测量功能,能够自动测量出电动机的相关参数和脱离负载或在负载较小的情况下,进行离线测量,操作步骤如下：

① 使变频器处于面板操作模式。

② 输入电动机的额定参数。

③ 选择离线测量。

④ 测量执行。对于面板操作,按下"正转"键或"反转"键;对于外部操作,接通起动端子。

(3) 矢量控制的要求

变频器的控制软件是以 4 极电动机为基本模型进行计算的。由于受到微机硬件和软件的限制,变频器处理不同电动机参数的灵活性将受到制约。因此,在选择矢量控制方式时,变频器和电动机应符合下列要求:

① 矢量控制时一台变频器只能控制一台电动机,如果一台变频器控制多台电动机,则矢量控制无效。

② 电动机容量与变频器所要求的配用容量最好相当,最多只能相差一个等级。如根据变频器的容量选配 11 kW 电动机,采用矢量控制方式时,电动机容量可以是 11 kW 或 7.5 kW,再小就不行了。

③ 变频器与电动机之间的连接导线不宜过长,一般以 30 m 以内为宜,如果超过 30 m,需在接好线后,离线自动测量电动机参数。

④ 矢量控制方式只适用于三相笼型异步电动机,不适用于其他特种电动机,如力矩电动机等。

⑤ 选择 2、4、6 极电动机最为适宜。

4.4.12　保护控制功能

1. 过电流保护控制

变频器运行中,如遇到突变性电流或者峰值电流超过变频器允许值的情况,都会引起变频器过流保护。

引起过电流的原因如下:

① 拖动系统运行过程中,负载发生突变,出现过电流。

② 对于大惯性负载,当升、降速时间设置得比较短时,也将导致过电流。

③ 外部故障引起的过电流,如电动机堵转、变频器输出侧短路或接地等。

2. 过电流处理方法

无论是负载突变,还是升、降速过程中短时间的过电流,总是不可避免的。因此,对变频器过电流的处理原则是尽量避免跳闸。为此,变频器设计有防止跳闸的自处理功能,也称为防失速功能。只有当冲击电流峰值过大时,才迅速跳闸,使变频器得到保护。

(1) 负载突变

当变频器在运行中出现过电流时,为使变频器不发生报警或停车,用户可根据电动机额定电流和负载的具体情况设定一个限值电流 ISET。当电流超过 ISET 时,变频器先是将输出频率适当降低,待电流低于 ISET 时,工作频率再逐渐恢复,如图 4-27 所示。

(2) 升、降速时间过短

在升、降速过程中,当电流超过 ISET 时,变频器将暂时停止升、降速,待电流下降到 ISET 以下时,再行升、降速动作。可见,经这样处理后,延长了升、降速时间,如图 4-28 所示。

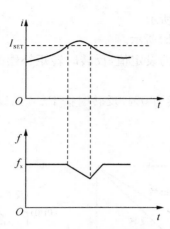

图 4‐27　运行中过电流自处理

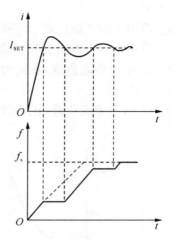

图 4‐28　升、降速中过电流自处理

（2）防失速功能与参数设置

如果给定的加速或减速时间过短，变频器的输出频率变化远远超过电动机转速的变化，变频器将因过电流和再生电压过高而跳闸，使运行停止，这种现象称为失速。为了防止失速，就要检测出电流和再生电压大小以进行频率控制，抑制加、减速速率，也就是防失速动作水平。

防失速功能需要设置下面三个参数，如图 4‐29 所示。

防失速动作水平功能设置：Pr. 22

参数设定范围：0～200％

倍速时失速防止动作补正系数：Pr. 23

参数设定范围：0～200％

防止失速动作开始降低时的频率：Pr. 66

参数设定范围：0～400 Hz

3. 电子热保护

电子热保护主要是针对电动机过载进行保护，其保护的主要依据是电动机的升温。如长时间低速运行时，因电动机冷却能力下降，会出现过热现象。电子热保护功能与参数设置如下：

电子热保护功能设置：Pr. 9

参数设定范围：0～500 A

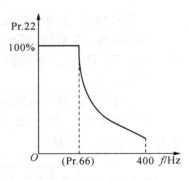

图 4‐29　防失速功能与
参数设置

4. 4. 13　适用负载选择功能

在使用变频器时，对于不同的负载，要选择与负载最相适宜的 U/f 输出特性，其功能与参数设置如下：

适用负载选择功能设置：Pr. 14

参数设定范围:

Pr.14＝0　适用于恒转矩负载,如图4-30(a)所示。

Pr.14＝1　适用于二次方律负载,如图4-30(b)所示。

Pr.14＝2　适用于势能负载,正转时按Pr.0的设定值,反转时转矩补偿为0%,如图4-30(c)所示。

Pr.14＝3　适用于势能负载,正转时转矩补偿为0%,反转时按Pr.0的设定值,如图4-30(d)所示。

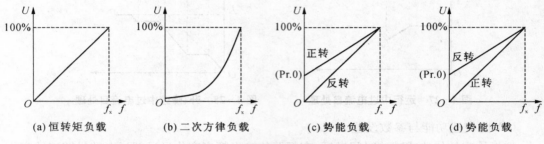

(a)恒转矩负载　　(b)二次方律负载　　(c)势能负载　　(d)势能负载

图4-30　与负载相适宜的输出特性

本章实训

实训项目1　使用变频器的接线端子

实训目标:熟悉和掌握变频器的端子位置与功能。

实训设备:三菱FR-540系列变频器一台(0.4 kW、0.75 kW、2.2 kW,也可根据实际情况任选);电工工具一套;数字或指针式万用表一块;根据变频器的容量选择三相异步电动机一台。

实训步骤:

(1)将变频器的前盖板拆下。

(2)根据图4-31和图4-32,对照变频器实物反复观察和熟悉其接线端子,分清主回路端子和控制回路端子。

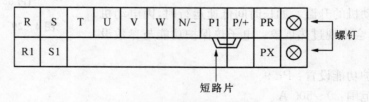

图4-31　主回路端子排

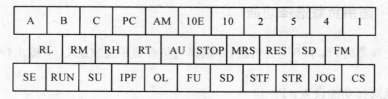

图4-32　控制回路端子排

实训项目 2　变频器面板操作

实训目标：掌握三菱 FR－A540 系列变频器面板操作技能，学会功能及参数的设置。

实训设备：采用图 4－27 所示电路作为实训电路。三菱 FR－540 系列变频器一台；三相电源；三相异步电动机一台；导线若干；交流接触器和按钮等。

实训步骤：

1. 用 MODE 键切换各种模式。

（1）在教师指导下，按要求连接电源线和辅助设备。接线完成后检查是否正确，然后合上空气开关，接通变频器电源。

（2）接通电源后，显示屏进入显示模式。

（3）按图 4－33 所示中的操作步骤，认真领悟 MODE 键的作用。

按下 MODE 键，有五种可供用户选择的功能模式，分别是：显示模式、频率设定模式、参数设定模式、运行模式和帮助模式。

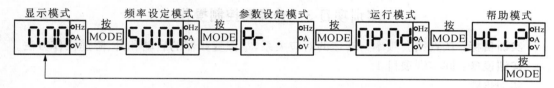

图 4－33　用 MODE 键切换功能

2. 设置操作面板操作(PU)模式

图 4－34 所示为功能与参数模式设置流程图。先熟悉流程，然后再行操作。

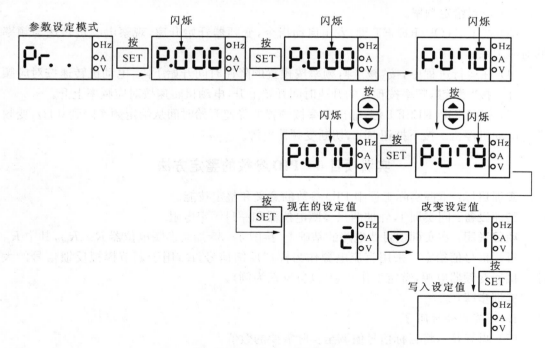

图 4－34　功能与参数设置流程

（1）按下 MODE 键，切换到参数设定模式，按 SET 键，LED 中的最高位闪烁。

（2）按 SET 键，LED 中间位闪烁。

（3）按"增/减"键选择 7(可选择数字 0～9)按 SET 键，写入 7，最低位闪烁。

（4）按"增/减"键，选择 9(可选择数字 0～9)即 Pr.79，完成了操作模式选择。

（5）按 SET 键，选择参数设定值 1，按 SET 键，写入 1，完成了面板操作模式选择。

3. 面板操作设定频率

参照图 4-4 面板操作设定频率。

（1）接通变频器电源，LED 显示屏显示 000.

（2）按 MODE 键，切换到频率设定模式。

（3）按键"增/减"键(可调整频率值)，使给定频率升、降到所要求的数值。

（4）按 SET 键，写入设定频率。

（5）按 FWD 或 REV 键，变频器的输出频率按所设置的升、降速时间开始上升或下降到设定频率，电动机的运行方向由 FWD 与 REV 键决定。

实训项目 3　升降速控制操作

实训目标：认真领会频率与转速的对应关系，掌握变频器的启动和升、降速操作方法。

实训设备：同实训项目 1。

实训步骤：

采用图 4-3 所示电路作为实训电路。

（1）在教师指导下按要求接好变频器及辅助电器，起动时按下 SB1，接触器 KM 线圈得电并自锁，主触点 KM 闭合，接通变频器电源。

（2）设置给定频率。

（3）按下 STOP/RESET 键，发出启动指令，变频器开始升速，观察电动机转速与频率的对应关系。

（4）在运行过程中，按"减"键，频率按预置的降速时间开始下降，电动机转速按对应频率下降。按"增"键，频率按预置的升速时间开始上升，电动机转速按对应频率上升。

（5）按 STOP/RESET 键，输出频率按预置的降速开始时间从给定频率降到 0 Hz，变频器与电动机停机。按下按钮 SB2，切断变频器电源。

实训项目 4　PID 参数的整定方法

实训目标：掌握实际工程中 PID 参数的意义和整定技能。

实训设备：同实训 1，外加两只多圈电位器和一只固定电阻.

项目说明：在实训项目 2 电路的基础上，接图 4-35 加装多圈电位器 R_{p1}、R_{p2}，其中 R_{p1} 用于目标信号值给定。采用直流电源作为模拟反馈信号，R_{p2} 用于调节模拟反馈信号的大小。接通变频器电源，整定工作开始(以负反馈为例)。

实训步骤：

1. 调节积分时间 T_i

（1）调节 R_{p1}，将目标信号值调至实际需要的数值。

（2）缓慢地调节 R_{p1} 的阻值，即调节 4～20 mA 反馈信号电流。

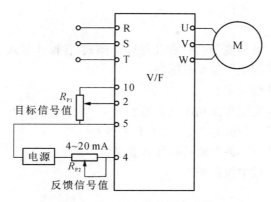

图 4-35　PID 参数整定电路

（3）观察变频器操作面板的频率显示。

正常情况：当反馈信号超过目标信号值时，频率显示不断上升，直到高频率。

反之，当反馈信号低于目标信号值时，频率显示不断下降，直到是 0 Hz 为止。频率上升与下降的快慢反映了积分时间 T_i 的长短。

2. P、I、D 的取值，以恒压供水系统为例（如图 4-36 所示）

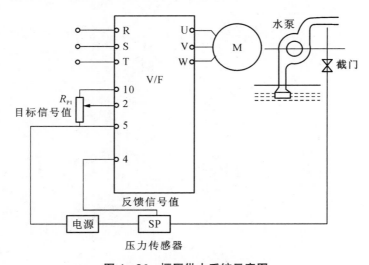

图 4-36　恒压供水系统示意图

（1）将微分时间 T_d 值设置为 0，动态响应要求不高的场合可以不用微分功能。

（2）保持变频器出厂设定值不变，使系统运行起来，观察压力表，分析系统工作情况。

（3）如果出水压力下降或上升后恢复非常缓慢，说明系统反应太慢，则应该增大比例放大倍数 K_P 或减小积分时间 T_i，直到满意为止。

（4）如果压力在目标值附近波动，说明比例放大倍数 K_P 过大，系统出现了振荡。应增大积分时间，减小振荡，直到满意为止。

（5）如果是动态响应要求较高的系统，应适当增加微分时间 T_d。

习题 4

1. 三菱 FR - A540 系列变频器有哪几种操作模式,各操作模式有什么异同?
2. 变频器所带负载的主要类型有哪些?
3. 如何进行转矩补偿设定?
4. 如何进行工频与变频切换功能的设置?
5. 制动时,加入直流制动的方式和目的有哪些?
6. PID 参数如何整定? 各参数具有什么意义?
7. 变频器如何进行过电流保护?

第 5 章　西门子 MM420 变频器的参数设定与应用

学习目标

1. 掌握变频器接线端子的功能。
2. 掌握变额器工作模式、参数设定、控制功能、接线组成。
3. 掌握变频器主电路和控制回路接线及其工艺。
4. 运用变额器操作模式进行各种参数设定。

5.1　西门子 MM420 变频器简介

目前生产中广泛应用的是通用变频器,根据功率的大小,从外形上看有书本型结构(0.75~37 kW)和装柜型结构(45~1 500 kW)两种。西门子 MM420 变频器的外形如图 5－1所示。

图 5－1　西门子 MM420 变频器的外型

MICROMASTER420 是用于控制三相交流电动机速度的变频器系列。本系列有多种型号,从单相电源电压、额定功率 120 W 到三相电源电压、额定功率 11 kW 等可供用户选用。本实训室采用为 330 W、220 V 单相输入三相输出,一定不能接错。

　　本变频器由微处理器控制,并采用具有现代先进技术水平的绝缘栅双极型晶体管(IGBT)作为功率输出器件。因此,它们具有很高的运行可靠性和功能的多样性。其脉冲宽度调制的开关频率是可选的,因而降低了电动机运行的噪声。全面而完善的保护功能为变频器和电动机提供了良好的保护。其各端子功能如图 5-2 所示,原理框图如图5-3所示。

端子号	符　号	功　能
1	—	输出+10 V
2	—	输出 0 V
3	ADC+	模拟输入 1(+)
4	ADC−	模拟输入 1(−)
5	DIN1	数字输入 1
6	CIN2	数字输入 2
7	DIN3	数字输入 3
8	—	带隔离的输出+24 V/最大 100 mA
9	—	带隔离的输出 0 V/最大 100 mA
10	RL1-C	数字输出/常开触头
11	RL1-C	数字输出/切换触头
12	DAC+	模拟输出(+)
13	DAC−	模拟输出(−)
14	P+	RS485 串行接口
15	P−	RS485 串行接口

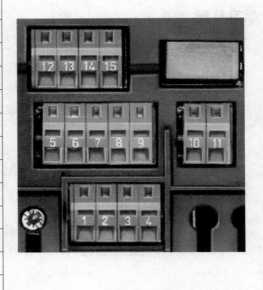

图 5-2　MICROMASTER420 变频器的控制端子

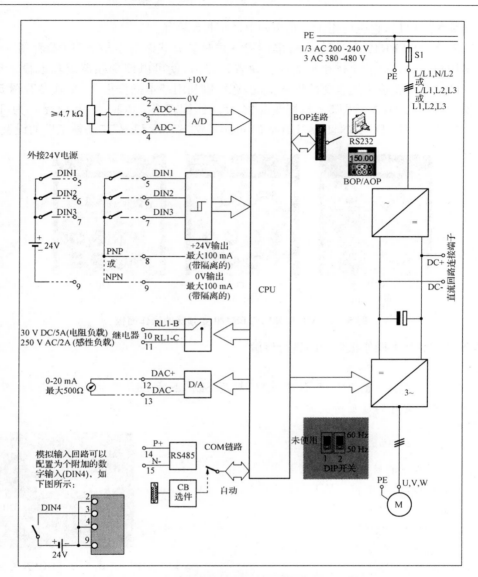

图 5‑3　MICROMASTER420 变频器的方框图

5.2　MM420 变频器的调试与操作

5.2.1　试方法

　　MICROMASTER420 具有缺省的工厂设置参数,它是给数量众多的简单的电动机控制系统供电的理想变频驱动装置。由于 MICROMASTER420 具有全面而完善的控制功能,在设置相关参数以后,它也可用于更高级的电动机控制系统。

　　MICROMASTER420 变频器在标准供货方式时装有状态显示板 SDP(参看图 5-4),对于很多用户来说,利用 SDP 和制造厂的缺省设置值,就可以使变频器成功地投入运行。如果工厂的缺省设置值不适合您的设备情况,您可以利用基本操作板(BOP)(参看图 5-4)或高级操作板(AOP)(参看图 5-4)修改参数,使之匹配起来。BOP 和 AOP 是作为可选件供货的。您也可以用 PC IBN 工具"Drive Monitor"或"STARTER"来调整工厂的设置值。

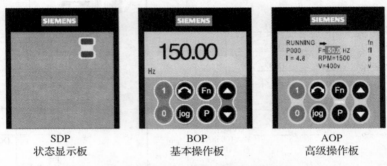

SDP　　　　　　　　BOP　　　　　　　　AOP
状态显示板　　　　基本操作板　　　　高级操作板

图 5-4　MICROMASTER420 变频器的操作面板

本章只针对基本操作板(BOP)进行讲解

提示

缺省的电源频率设置值(工厂设置值)可以用 SDP 下的 DIP 开关加以改变,如图 5-5 所示。变频器交货时的设置情况如下:

➢ DIP 开关 2

◆ Off 位置

　欧洲地区缺省值

　(50 Hz,功率单位:kW)

◆ On 位置

　北美地区缺省值

　(60 Hz,功率单位:hp)

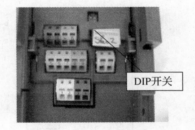

图 5-5　DIP 开关

➢ DIP 开关 1

不供用户使用。

1. 用基本操作板(BOP)进行调试

利用基本操作面板(BOP)可以改变变频器的各个参数,为了利用 BOP 设定参数,必须首先拆下 SDP,并装上 BOP,如图 5-6所示。

BOP 具有 7 段显示的五位数字,可以显示参数的序号和数值,报警和故障信息,以及设定值和实际值。参数的信息不能用 BOP 存储。

提示

◆ 在缺省设置时,用 BOP 控制电动机的功能是被禁止的。

如果要用 BOP 进行控制,参数 P0700 应设置为 1,参数

图 5-6　BOP 面板

P1000 也应设置为 1。

◆ 变频器加上电源时,也可以把 BOP 装到变频器上,或从变频器上将 BOP 拆卸下来。

◆ 如果 BOP 已经设置为 I/O 控制(P0700=1),在拆卸 BOP 时变频器驱动装置将自动停车。

5.2.2　基本操作面板(BOP)的认知与操作

1. 基本面板结构

基本面板结构如图 5-7 所示。

图 5-7　基本面板结构

2. 基本操作面板(BOP)功能说明

显示/按钮	功　能	功能说明
r 0000	状态显示	LCD 显示变频器当前的设定值。
	起动变频器	按此键起动变频器。缺省值运行时此键是被封锁的。为了使此键的操作有效,应设定 P0700=1
	停止变频器	OFF1:按此键,变频器将按选定的斜坡下降速率减速停车。缺省值运行时此键被封锁,为了允许此键操作,应设定 P0700=1 OFF2:按此键两次(或一次,但时间较长)电动机将在惯性作用下自由停车。此功能总是"使能"的。
	改变电动机的转动方向	按此键可以改变电动机的转动方向。电动机的反向用负号(一)表示或用闪烁的小数点表示。缺省值运行时此键是被封锁的,为了使此键的操作有效,应设定 P0700=1。
jog	电动机点动	在变频器无输出的情况下按此键,将使电机起动,并按预设定的点动频率运行。释放此键时,变频器停车。如果电动机正在运行,按此键将不起作用。

(续表)

显示/按钮	功　能	功能说明
（Fn）	功能	此键用于浏览辅助信息。 变频器运行过程中,在显示任何一个参数时按下此键并保持不动 2 秒钟,将显示以下参数值(在变频器运行中,从任何一个参数开始): 　1. 直流回路电压(用 d 表示 - 单位:V) 　2. 输出电流(A) 　3. 输出频率(Hz) 　4. 输出电压(用 o 表示 - 单位:V)。 　5. 由 P0005 选定的数值(如果 P0005 选择显示上述参数中的任何一个(3、4 或 5),这里将不再显示)。 连续多次按下此键,将轮流显示以上参数。 跳转功能 在显示任何一个参数(rXXXX 或 PXXXX)时短时间按下此键,将立即跳转到 r0000,如果需要的话,您可以接着修改其他的参数。跳转到 r0000 后,按此键将返回原来的显示点。 故障确认 在出现故障或报警的情况下,按下此键可以对故障或报警进行确认。
（P）	访问参数	按此键即可访问参数。
（▲）	增加数值	按此键即可增加面板上显示的参数数值。
（▼）	减少数值	按此键即可减少面板上显示的参数数值。

表 5-1　用 BOP 操作时的缺省设置值

参数	说明	缺省值,欧洲(或北美)地区
P0100	运行方式,欧洲/北美	50 Hz,kW(60 Hz,hp)
P0307	功率(电动机额定值)	kW(Hp)
P0310	电动机的额定功率	50 Hz(60 Hz)
P0311	电动机的额定速度	1 395(1 680)rpm[决定变量]
P1082	最大电动机频率	50 Hz(60 Hz)

3. 用基本操作面板(BOP)更改参数的数值

1) 改变参数 P0004

操作步骤		显示的结果
1	按 (P) 访问参数	r0000
2	按 (▲) 直到显示出 P0004	P0004
3	按 (P) 进入参数数值访问级	0
4	按 (▲) 或 (▼) 达到所需要的数值	3
5	按 (P) 确认并存储参数的数值	P0004
6	按 (▼) 直到显示出 r0000	r0000
7	按 (P) 返回标准的变频器显示(有用户定义)	

2) 改变下标参数 P0719

操作步骤		显示的结果
1	按 (P) 访问参数	r0000
2	按 (▲) 直到显示出 P0719	P0719
3	按 (P) 进入参数数值访问级	in000
4	按 (P) 显示当前的设定值	0
5	按 (▲) 或按 (▼) 选择运行所需要的最大频率	3
6	按 (P) 确认并存储 P0719 的设定值	P0719

（续表）

操作步骤	显示的结果
7　按  🔽 直到显示出 r0000	r0000 
8　按  🅿 返回标准的变频器显示(有用户定义)	

说明：忙碌信息

修改参数的数值时，BOP 有时会显示：

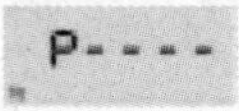

P- - - - 表明变频器正忙于处理优先级更高的任务。

3）改变参数数值的一个数

为了快速修改参数的数值，可以一个个地单独修改显示出的每个数字，操作步骤如下：

① 按 🄵🄽 (功能键)，最右边的一个数字闪烁。

② 按 🔼 / 🔽 ，修改这位数字的数值。

③ 🄵🄽 再按(功能键)，相邻的下一个数字闪烁。

④ 执行 2 至 4 步，直到显示出所要求的数值。

⑤ 按 🅿 ，退出参数数值的访问级。

4）用 BOP 控制变频器的起停、点动和反转

① 设定电动机的的参数，并将 P0700 设为 1。

② 按 🄸 ，起动变频器。

③ 按 ↺ ，变频器反转。

④ 按 🄾 ，变频器停止。

⑤ 按 🄹🄾🄶 ，变频器按设定频率点动运行。

4. 快速调试的流程图(仅适用于第 1 访问级)

快速调试的流程图如图 5-8 所示。

P0010 开始快速调试
0 准备运行
1 快速调试
30 工厂的缺省设置值

说明
在电动机投入运行之前，P0010，必须回到"0"。但是，如果调试结束后选定 P3900=1，那么，P0010 回零的操作是自动进行的。

P0100 选择工作地区是欧洲/北美
0 功率单位为 kW：f 的缺省值为 50Hz
1 功率单位为 hp：f 的缺省值为 60Hz
2 功率单位为 kW：f 的缺省值为 60Hz

说明
P0100 的设定值 0 和 1 应该用 DIP 关来更改，使其设定的值固定不变。

P0304　电动机的额定电压 1)
10-2000 V
根据铭牌键入的电动机额定电压（V）

P0305　电动机的额定电流 1)
0-2 倍 变频器额定电流（A）
根据铭牌键入的电动机额定电流（A）

P0307　电动机的额定功率 1)
0-2000 kW
根据铭牌键入的电动机额定功率（kW）
如果 P0100=1，功率单位应是 hp

P0310　电动机的额定频率 1)
12-650 Hz
根据铭牌键入的电动机额定频率（Hz）

P0311　电动机的额定频率 1)
0-40000 1/min
根据铭牌键入的电动机额定速度（rpm）

P0700　选择命令源 2)
接通/断开/反转（on/off/reverse）
0 工厂设置值
1 基本操作面板（BOP）
2 输入端子/数字输入

P1000　选择频率设定值 2)
0 无频率设定值
1 用 BOP 控制频率的升降▼▲
2 模拟设定值

P1080　电动机最小频率
本参数设定电动机的最小频率（0-650Hz）；达到这一频率时电动机的运行速度将与频率的设定值无关。

P1082　电动机最大频率
本参数设定电动机的最大频率（0-650Hz）；达到这一频率时电动机的运行速度将与频率的设定值无关。

P1120　斜坡上升时间
0-650 s
电动机从静止停车加速到最大电动机频率所需的时间。

P1121　斜坡下降时间
0-650 s
电动机从其最大频率减到静止停车所需的时间。

P3900　结束快速调试
0 结束快速调试，不进行电动机计算或复位为工厂缺省设置值
1 结束快速调试，进行电动机计算和复位为工厂缺省设置值（推荐的方式）
2 结束快速调试，进行电动机计算和 I/O 复位
3 结束快速调试，进行电动机计算，但不进行 I/O 复位。

图 5-8　快速调试的流程图

1）与电动机有关的参数请参看电动机的铭牌如图 5-9 所示。

2）表示该参数包含有更详细的设定值表，可用于特定的应用场合。

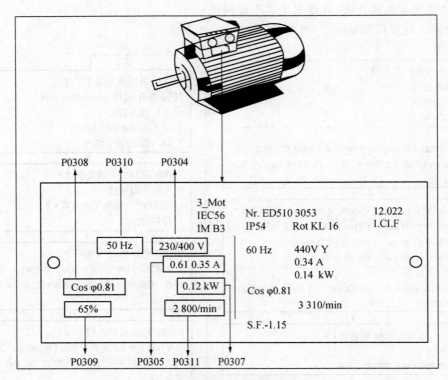

图 5-9　典型的电动机铭牌举例

提示

> 如果 P0003≥2,参数 P0308 或 P0309。是仅供查看的究竟可以看到其中的哪一个参数,决定于 P0100 的设定值。

> P0307 所显示的单位是 kW 或 HP,决定于 P0100 的设定值。详细的资料请参看参数表。

> 除非 P0010＝1 否则是不能更改电动机参数的。

> 确信变频器已按电动机的铭牌数据正确地进行配置,即在上面的例子中,电动机为 △ 形接线时端子电压应接 230 V。

将变频器复位为工厂的缺省设定值

为了把变频器的全部参数复位为工厂的缺省设定值应按照下面的数值设定参数(用 BOP,AOP 或必要的通讯选件):

1. 设定 P0010＝30

2. 设定 P0970＝1

说明

完成复位过程至少要 3 分钟。

5.3　MM420 变频器的系统参数简介

5.3.1　参数格式说明

"参数说明"的编排格式如下：

1　参数号	2　参数名称							9　最小值：	12　用户访问等级
	［下标］	3　CStat：	5　数据类型：	7　单位：		10　缺省值：			2
	4　参数组：6　使能有效：8　快速调试：11　最大值　13　说明：								

1. 参数号

是指该参数的编号。参数号用 0000 到 9999 的 4 位数字表示在参数号的前面冠以一个小写字母"r"时，表示该参数是"只读"的参数，它显示的是特定的参数数值，而且不能用与该参数不同的值来更改它的数值（在有些情况下，"参数说明"的标题栏中在"单位"、"最小值"、"缺省值"和"最大值"的地方插入一个破折号"—"）。其他所有参数号的前面都冠以一个大写字母"P"，参数的设定值可以直接在标题栏的"最小值"和"最大值"范围内进行修改。

［**下标**］　表示该参数是一个带下标的参数，并且指定了下标的有效序号。

2. 参数名称

是指该参数的名称。有些参数名称的前面冠以以下缩写字母：BI，BO，CI 和 CO，并且后跟一个冒号"："。这些缩写字母的意义如下：

BI=二进制互联输入，即是说，该参数可以选择和定义输入的二进制信号源。

BO=二进制互联输出，即是说，该参数可以选择输出的二进制功能，或作为用户定义的二进制信号输出。

CI=模拟量互联输入，即是说，该参数可以选择和定义输入的模拟量信号源。

CO=模拟量互联输出，即是说，该参数可以选择输出的模拟量功能，或作为用户定义的模拟量信号输出。

CO/BO=模拟量/二进制互联输出，即是说，该参数可以作为模拟量信号和/或二进制信号输出或由用户定义。

为了利用 BiCo 功能，必须了解整个参数表，在该访问级，可能有许多新的 BiCo 参数设定值。BiCo 功能是与指定设定值不相同的功能，可以对输入与输出的功能进行组合，因此是一种更为灵活的方式。大多数情况下，这一功能可以与简单的第 2 访问级设定值一起使用。

BiCo 系统允许对复杂的功能进行编程。按照用户的需要，布尔代数式和数学表达式可以在各种输入（数字的，模拟的，串行通讯等）和输出（变频器电流，频率，模拟输出，继电器输出等）之间配置和组合。

3. Cstat

是指参数的调试状态可能有三种状态：

调试：　C

运行：　U

准备运行：　T

这是表示该参数在什麽时候允许进行修改。对于一个参数可以指定一种，两种或全部三种状态。如果三种状态都指定了，就表示这一参数的设定值在变频器的上述三种状态下都可以进行修改。

4. 参数组

是指具有特定功能的一组参数。

说明

参数 P0004(参数过滤器)的作用是根据所选定的一组功能，对参数进行过滤(或筛选)，并集中对过滤出的一组参数进行访问。

5. 数据类型

有效的数据类型如下表 5-2 所示。

表 5-2　有效数据类型

符号	说明
U16	16 位无符号数
U32	32 位无符号数
I16	16 位整数
I32	32 位整数
Float	浮点数

6. 使能有效

表示该参数是否：

◆ 立即　可以对该参数的数值立即进行修改(在输入新的参数数值以后)。

◆ 确认　面板(BOP 或 AOP)上的"P"键被按下以后，才能使新输入的数值有效地修改该参数原来的数值。

7. 单位

是指测量该参数数值所采用的单位。

8. 快速调试

是指该参数是否(是或者不是)只能在快速调试时进行修改，即是说，该参数是否只能在 P0010(选择不同调试方式的参数组)设定为 1(选择快速调试)时进行修改。

9. 最小值

是指该参数可能设置的最小数值。

10. 缺省值

是指该参数的缺省值，即是说，如果用户不对参数指定数值，变频器就采用制造厂设定的这一数值作为该参数的值。

11. 最大值

是指该参数可能设置的最大数值。

12. 用户访问级

是指允许用户访问参数的等级。变频器共有四个访问等级:标准级,扩展级,专家级和维修级。每个功能组中包含的参数号,取决于参数 P0003(用户访问等级)设定的访问等级。

13. 说明

参数的说明由若干段落所组,成其内容如下表所列。有些段落和内容是有选择的,如果没有用,就将它们省略掉。

说明:对参数功能的简要解释。

插图:必要的时候用插图和特性曲线来说明参数的作用。

设定值:可以指定和采用的设定值列表。这些值包括可能的设定值,最常用的设定值,下标和二进制位的位地址等。

举例:选择适当的例子说明某个特定参数设定值的作用。

关联:本参数必须满足的条件。就是说,这一参数对另一(些)参数有某种特定的作用,或者其他参数对这一参数有某种特定的作用。

5.3.2　参数的说明

r0000	驱动装置的显示		最小值:—	访问级:
	数据类型:U16	单位:—	缺省值:—	1
	参数组:常用		最大值:—	

显示用户选定的由 P0005 定义的输出数据。

说明:

按下"Fn"键并持续 2 秒,用户就可看到直流回路电压,输出电流和输出频率的数值,以及选定的 r0000 设定值(在 P0005 中定义)。

r0002	驱动装置的显示		最小值:—	访问级:
	数据类型:U16	单位:—	缺省值:—	2
	参数组:常用		最大值:—	

显示驱动装置的实际状态。

可能的显示值:

0　调试方式(P0010! ＝0)

1　驱动装置运行准备就绪

2　驱动装置故障

3　驱动装置正在起动(直流回路预充电)

4　驱动装置正在运行

5　停车(斜坡函数正在下降)

关联：

状态 3 只能在直流回路预充电，并且安装了由外部电源供电的通讯板时才能看到。

P0003	用户访问级			最小值：0	访问级：1
CStat：CUT	数据类型：U16	单位：—	缺省值：1	
参数组：常用	使能有效：确认	快速调试：否	最大值：4	

本参数用于定义用户访问参数组的等级。对于大多数简单的应用对象，采用缺省设定值（标准模式）就可以满足要求了。

可能的设定值：

0　用户定义的参数表—有关使用方法的详细情况请参看 P0013 的说明。

1　标准级：可以访问最经常使用的一些参数。

2　扩展级：允许扩展访问参数的范围例如变频器的 I/O 功能。

3　专家级：只供专家使用。

4　维修级：只供授权的维修人员使用——具有密码保护。

P0004	参数过滤器			最小值：0	访问级：1
CStat：CUT	数据类型：U16	单位：—	缺省值：0	
参数组：常用	使能有效：确认	快速调试：否	最大值：22	

按功能的要求筛选（过滤）出与该功能有关的参数，这样，可以更方便地进行调试。

举例：

P0004＝22 选定的功能是，只能看到 PID 参数。

可能的设定值：

0　全部参数

2　变频器参数

3　电动机参数

7　命令，二进制 I/O

8　ADC（模—数转换）和 DAC（数—模转换）

10　设定值通道/RFG 斜坡函数发生器

12　驱动装置的特征

13　电动机的控制

20　通讯

21　报警/警告/监控

22　工艺参量控制器例如 PID

关联：

参数的标题栏中标有"快速调试：是"的参数只能在 P0010＝1（快速调试）时进行设定。

P0005	显示选择			最小值:0	访问级:
	CStat:CUT	数据类型:U16	单位:—	缺省值:21	2
	参数组:常用	使能有效:确认	快速调试:否	最大值:2294	

选择参数 r0000(驱动装置的显示)要显示的参量。任何一个只读参数都可以显示。

设定值:

21　实际频率

25　输出电压

26　直流回路电压

27　输出电流

提示:

以上这些设定值(21,25…)指的是只读参数号("r0021,r0025…")。

详细资料:

请参看相应的"rxxxx"参数的说明。

P0006	显示方式			最小值:0	访问级:
	CStat:CUT	数据类型:U16	单位:—	缺省值:2	3
	参数组:常用	使能有效:确认	快速调试:否	最大值:4	

定义 r0000 的显示方式(驱动装置的显示)。

可能的设定值:

0　在"运行准备"状态下,交替显示频率的设定值和输出频率的实际值。在"运行"状态下,只显示输出频率。

1　在"运行准备"状态下,显示频率的设定值。在"运行"状态下,显示输出频率。

2　在"运行准备"状态下,交替显示 P0005 的值和 r0020 的值。在"运行"状态下,只显示 P0005 的值。

3　在"运行准备"状态下,交替显示 r0002 值和 r0020 值。在"运行"状态下,只显示 r0002 的值。

4　在任何情况下都显示 P0005 的值。

P0007	背光延迟时间			最小值:0	访问级:
	CStat:CUT	数据类型:U16	单位:—	缺省值:0	3
	参数组:常用	使能有效:确认	快速调试:否	最大值:2000	

本参数定义背光延迟时间,即如果没有操作键被按下,经过这一延迟时间以后将断开背光显示。

数值:

P0007=0:背光长期亮光(缺省状态)

P0007=1—2000:以秒为单位的延迟时间,经过这一延迟时间以后断开背光显示。

P00010	调试参数过滤器			最小值:0	访问级: 1
CStat:CT	数据类型:U16	单位:—	缺省值:2	
参数组:常用	使能有效:确认	快速调试:否	最大值:30	

本设定值对与调试相关的参数进行过滤,只筛选出那些与特定功能组有关的参数。

可能的设定值:

0　准备

1　快速调试

2　变频器

29　下载

30　工厂的设定值

关联:

在变频器投入运行之前应将本参数复位为0。

P0003(用户访问级)与参数的访问也有关系。

r00019	BO/CO:BOP 控制字		最小值:—	访问级: 3
	数据类型:U16	单位:—	缺省值:—	
	参数组:常用		最大值:—	

显示操作面板命令的状态。

在与 BICO 输入参数互联时,下列设定值作为键盘控制的"信号源"编码。

二进制位的位地址:

位 00　ON/OFF1 起动/停车 1　　　　　0　否
　　　　　　　　　　　　　　　　　1　是

位 01　OFF2 按惯性自由停　　　　　0　是
　　　　　　　　　　　　　　　　　1　否

位 02　OFF3 快速停车　　　　　　　0　是
　　　　　　　　　　　　　　　　　1　否

位 08　正向点动　　　　　　　　　　0　否
　　　　　　　　　　　　　　　　　1　是

位 09　反向点动　　　　　　　　　　0　否
　　　　　　　　　　　　　　　　　1　是

位 11　反转设定值反向　　　　　　　0　否
　　　　　　　　　　　　　　　　　1　是

位 13　电动电位计 MOP 升速　　　　0　否
　　　　　　　　　　　　　　　　　1　是

位 14　电动电位计 MOP 降速　　　　0　否
　　　　　　　　　　　　　　　　　1　是

说明：

采用 BICO 技术来分配操作面板按钮的功能时，本参数显示的是相关命令的实际状态。
以下功能可以分别"互联"到各个按钮：

—ON/OFF1（起动/停车 1）

—OFF2（停车 2）

—JOG（点动）

—REVERSE（反向）

—INCREASE（增速）

—DECREASE（减速）

P0210	直流供电电压			最小值：0	访问级：3
CStat：CT	数据类型：U16	单位：V	缺省值：230		
参数组：变频器	使能有效：立即	快速调试：否	最大值：1000		

优化直流电压控制器，如果电动机的再生能量超过限值，将延长斜坡下降的时间，否则可能引起直流回路过电压跳闸。

降低 P0210 的值时，控制器将更早地削平直流回路过电压的峰值，从而减少产生过电压的危险。

关联：

设定 P1254（"自动检测直流电压回路的接通电平"）＝0，直流电压控制器削平电压峰值的电平和复合制动的接入电平将直接由 P0210（直流供电电压）决定。

说明：

如果电源电压高于输入值，直流回路电压控制器可能自动退出激活状态，以避免电动机加速。这种情况出现时将发出报警信号（A0910）。

P0290	变频器过载时的反应措施			最小值：0	访问级：3
CStat：CT	数据类型：U16	单位：—	缺省值：2		
参数组：变频器	使能有效：确认	快速调试：否	最大值：3		

选择变频器对内部过温采取的反应措施。

可能的设定值：

0　降低输出频率（通常只是在变转矩控制方式时有效）

1　跳闸（F0004）

2　降低调制脉冲频率和输出频率

3　降低调制脉冲频率，然后跳闸（F0004）

提示：

跳闸往往发生在这样的情况下，即采取的反应措施不能起到降低变频器内部温度的效果。

降低调制脉冲频率的措施通常只是在超过 2 kHz（见 P0291－变频器保护的配置时）才能采用。

P0300	选择电动机的类型		最小值：1	访问级：
CStat：C	数据类型：U16	单位：—	缺省值：1	2
参数组：电动机	使能有效：确认	快速调试：是	最大值：2	

选择电动机的类型。

调试期间，在选择电动机的类型和优化变频器的特性时需要选定这一参数，实际使用的电动机大多是异步电动机；如果您不能确定所用的电动机是否是异步电动机，请按以下的公式进行计算。

（电动机的额定频率（P0310）＊60）/电动机的额定速度（P0311）

如果计算结果是一个整数，该电动机应是同步电动机。

可能的设定值：

1　　同步电动机

2　　异步电动机

关联：

只能在 P0010＝1（快速调试）时才可以改变本参数

如果所选的电动机是同步电动机，那么，以下功能是无效的：

功率因数（P0308）

电动机效率（P0309）

磁化时间（P0346）（第 3 访问级）

祛磁时间（P0347）（第 3 访问级）

捕捉再起动（P1200，P1202（第 3 访问级）P1203（第 3 访问级））

直流注入制动（P1230（第 3 访问级），P1232，P1233）

滑差补偿（P1335）

滑差限值（P1336）

电动机的磁化电流（P0320）（第 3 访问级）

电动机的额定滑差（P0330）

额定磁化电流（P0331）

额定功率因数（P0332）

转子时间常数（P0384）

P0305	电动机额定电流		最小值：0.01	访问级：
CStat：C	数据类型：浮点数	单位：—	缺省值：3.25	1
参数组：电动机	使能有效：确认	快速调试：是	最大值：1	

铭牌数据电动机的额定电流［A］—见 P0304 中的附图。

关联：

本参数只能在 P0010＝1（快速调试）时进行修改。

本参数也与 P0320（电动机的磁化电流）有关。

说明：

对于异步电动机,电动机电流的最大值定义为变频器的最大电流(r0209)。

对于同步电动机,电动机电流的最大值定义为变频器最大电流(r0209)的两倍。

电动机电流的最小值定义为变频器额定电流(r0207)的 1/32。

P0700	选择命令源			最小值:0	访问级:1
	CStat:CT	数据类型:U16	单位:—	缺省值:2	
	参数组:命令	使能有效:确认	快速调试:是	最大值:6	

选择数字的命令信号源。

可能的设定值：

0　工厂的缺省设置

1　BOP(键盘)设置

2　由端子排输入

4　通过 BOP 链路的 USS 设置

5　通过 COM 链路的 USS 设置

6　通过 COM 链路的通讯板(CB)设置

说明：

改变这一参数时,同时也使所选项目的全部设置值复位为工厂的缺省设置值。例如:把它的设定值由 1 改为 2 时,所有的数字输入都将复位为缺省的设置值。

P0701	数字输入 1 的功能			最小值:0	访问级:2
	CStat:CT	数据类型:U16	单位:—	缺省值:1	
	参数组:命令	使能有效:确认	快速调试:否	最大值:99	

选择数字输入 1 的功能。

可能的设定值：

0　禁止数字输入

1　ON/OFF1(接通正转/停车命令 1)

2　ONreverse/OFF1(接通反转/停车命令 1)

3　OFF2(停车命令 2)——按惯性自由停车

4　OFF3(停车命令 3)——按斜坡函数曲线快速降速停车

9　故障确认

10　正向点动

11　反向点动

12　反转

13　MOP(电动电位计)升速(增加频率)

14　MOP 降速(减少频率)

15　固定频率设定值(直接选择)

16　固定频率设定值(直接选择＋ON 命令)

17　　固定频率设定值(二进制编码选择＋ON 命令)

25　　直流注入制动

29　　由外部信号触发跳闸

33　　禁止附加频率设定值

99　　使能 BICO 参数化

关联:

设定值为 99(使能 BICO 参数化)时,要求 P0700(命令信号源)或 P3900(结束快速调试)＝1,2 或 P0970(工厂复位)＝1 才能复位。

提示:

设定值 99(使能 BICO 参数化)仅用于特殊用途。

P0702	数字输入 2 的功能			最小值:0	访问级: 2
	CStat:CT	数据类型:U16	单位:—	缺省值:12	
	参数组:命令	使能有效:确认	快速调试:否	最大值:99	

选择数字输入 2 的功能。

可能的设定值:

0　　禁止数字输入

1　　ON/OFF1(接通正转/停车命令 1)

2　　ONreverse/OFF1(接通反转/停车命令 1)

3　　OFF2(停车命令 2)——按惯性自由停车

4　　OFF3(停车命令 3)——按斜坡函数曲线快速降速停车

9　　故障确认

10　　正向点动

11　　反向点动

12　　反转

13　　MOP(电动电位计)升速(增加频率)

14　　MOP 降速(减少频率)

15　　固定频率设定值(直接选择)

16　　固定频率设定值(直接选择＋ON 命令)

17　　固定频率设定值(二进制编码选择＋ON 命令)

25　　直流注入制动

29　　由外部信号触发跳闸

33　　禁止附加频率设定值

99　　使能 BICO 参数化

详细资料:

请参看 P0701(数字输入 1 的功能)。

P0703	数字输入 3 的功能			最小值:0	访问级: 2
	CStat:CT	数据类型:U16	单位:—	缺省值:9	
	参数组:命令	使能有效:确认	快速调试:否	最大值:99	

选择数字输入 3 的功能。

可能的设定值:

0	禁止数字输入
1	ON/OFF1(接通正转/停车命令 1)
2	ONreverse/OFF1(接通反转/停车命令 1)
3	OFF2(停车命令 2)——按惯性自由停车
4	OFF3(停车命令 3)——按斜坡函数曲线快速降速停车
9	故障确认
10	正向点动
11	反向点动
12	反转
13	MOP(电动电位计)升速(增加频率)
14	MOP 降速(减少频率)
15	固定频率设定值(直接选择)
16	固定频率设定值(直接选择+ON 命令)
17	固定频率设定值(二进制编码选择+ON 命令)
25	直流注入制动
29	由外部信号触发跳闸
33	禁止附加频率设定值
99	使能 BICO 参数化

详细资料:

请参看 P0701(数字输入 1 的功能)。

P0704	数字输入 4 的功能			最小值:0	访问级: 2
	CStat:CT	数据类型:U16	单位:—	缺省值:0	
	参数组:命令	使能有效:确认	快速调试:否	最大值:99	

选择数字输入 4 的功能。

可能的设定值:

0	禁止数字输入
1	ON/OFF1(接通正转/停车命令 1)
2	ONreverse/OFF1(接通反转/停车命令 1)
3	OFF2(停车命令 2)——按惯性自由停车
4	OFF3(停车命令 3)——按斜坡函数曲线快速降速停车
9	故障确认

10　正向点动

11　反向点动

12　反转

13　MOP(电动电位计)升速(增加频率)

14　MOP 降速(减少频率)

15　固定频率设定值(直接选择)

16　固定频率设定值(直接选择＋ON 命令)

17　固定频率设定值(二进制编码选择＋ON 命令)

25　直流注入制动

29　由外部信号触发跳闸

33　禁止附加频率设定值

99　使能 BICO 参数化

详细资料：

请参看 P0701(数字输入 1 的功能)。

P0719	命令和频率设定值的选择			最小值:0	访问级:3
CStat:CT	数据类型:U16	单位:—		缺省值:0	
参数组:命令	使能有效:确认	快速调试:否	最大值:66		

这是选择变频器控制命令源的总开关

在可以自由编程的 BICO 参数与固定的命令/设定值模式之间切换命令信号源和设定值信号源命令源和设定值源可以互不相关地分别切换

十位数选择命令源个位数选择设定值源

可能的设定值

0　命令＝BICO 参数　　　　　　设定值＝BICO 参数

1　命令＝BICO 参数　　　　　　设定值＝MOP 设定值

2　命令＝BICO 参数　　　　　　设定值＝模拟设定值

3　命令＝BICO 参数　　　　　　设定值＝固定频率

4　命令＝BICO 参数　　　　　　设定值＝BOP 链路的 USS

5　命令＝BICO 参数　　　　　　设定值＝COM 链路的 USS

6　命令＝BICO 参数　　　　　　设定值＝COM 链路的 CB

10　命令＝BOP　　　　　　　　设定值＝BICO 参数

11　命令＝BOP　　　　　　　　设定值＝MOP 设定值

12　命令＝BOP　　　　　　　　设定值＝模拟设定值

13　命令＝BOP　　　　　　　　设定值＝固定频率

14　命令＝BOP　　　　　　　　设定值＝BOP 链路的 USS

15　命令＝BOP　　　　　　　　设定值＝COM 链路的 USS

16　命令＝BOP　　　　　　　　设定值＝COM 链路的 CB

40　命令＝BOP 链路的 USS　　　设定值＝BIC 参数

41	命令＝BOP 链路的 USS	设定值＝MOP 设定值
42	命令＝BOP 链路的 USS	设定值＝模拟设定值
43	命令＝BOP 链路的 USS	设定值＝固定频率
44	命令＝BOP 链路的 USS	设定值＝BOP 链路的 USS
45	命令＝BOP 链路的 USS	设定值＝COM 链路的 USS
46	命令＝BOP 链路的 USS	设定值＝COM 链路的 CB
50	命令＝COM 链路的 USS	设定值＝BICO 参数
51	命令＝COM 链路的 USS	设定值＝MOP 设定值
52	命令＝COM 链路的 USS	设定值＝模拟设定值
53	命令＝COM 链路的 USS	设定值＝固定频率
54	命令＝COM 链路的 USS	设定值＝BOP 链路的 USS
55	命令＝COM 链路的 USS	设定值＝COM 链路的 USS
56	命令＝COM 链路的 USS	设定值＝COM 链路的 CB
60	命令＝COM 链路的 CB	设定值＝BICO 参数
61	命令＝COM 链路的 CB	设定值＝MOP 设定值
62	命令＝COM 链路的 CB	设定值＝模拟设定值
63	命令＝COM 链路的 CB	设定值＝固定频率
64	命令＝COM 链路的 CB	设定值＝BOP 链路的 USS
65	命令＝COM 链路的 CB	设定值＝COM 链路的 USS
66	命令＝COM 链路的 CB	设定值＝COM 链路的 CB

P0970	工厂复位			最小值：0	访问级：1
CStat：C	数据类型：U16	单位：—		缺省值：0	
参数组：参数复位	使能有效：确认	快速调试：否		最大值：1	

P0970＝1 时所有的参数都复位到它们的缺省值。

可能的设定值：

0　禁止复位

1　参数复位

关联：

工厂复位前，首先要设定 P0010＝30（工厂设定值）

您在把参数复位为缺省值之前，必须先使变频器停车（即封锁全部脉冲）。

说明

在工厂复位以后下列参数仍然保持原来的数值：

P0918（CB 地址）

P2010（USS 波特率和）

P2011（USS 地址）

P1000	频率设定值的选择		最小值:0	访问级:
CStat:CT	数据类型:U16	单位:—	缺省值:2	1
参数组:设定值	使能有效:确认	快速调试:是	最大值:66	

选择频率设定值的信号源。在下面给出的可供选择的设定值表中,主设定值由最低一位数字(个位数)来选择(即 0 到 6)。而附加设定值由最高一位数字(十位数)来选择(即 x0 到 x6,其中 x=1—6)。

举例:

设定值 12 选择的是主设定值(2)由模拟输入而附加设定值(1)则来自电动电位计。

设定值:

1　　电动电位计设定

2　　模拟输入

3　　固定频率设定

4　　通过 BOP 链路的 USS 设定

5　　通过 COM 链路的 USS 设定

6　　通过 COM 链路的通讯板(CB)设定

其它设定值,包括附加设定值,可用下表选择。

可能的设定值:

0　　无主设定值

1　　MOP 设定值

2　　模拟设定值

3　　固定频率

4　　通过 BOP 链路的 USS 设定

5　　通过 COM 联路的 USS 设定

6　　通过 COM 链路的 CB 设定

10　　无主设定值　　　　　　　　　　+MOP 设定值

11　　MOP 设定值　　　　　　　　　　+MOP 设定值

12　　模拟设定值　　　　　　　　　　+MOP 设定值

13　　固定频率　　　　　　　　　　　+MOP 设定值

14　　通过 BOP 链路的 USS 设定　　　+MOP 设定值

15　　通过 COM 联路的 USS 设定　　　+MOP 设定值

16　　通过 COM 链路的 CB 设定　　　 +MOP 设定值

20　　无主设定值　　　　　　　　　　+模拟设定值

21　　MOP 设定值　　　　　　　　　　+模拟设定值

22　　模拟设定值　　　　　　　　　　+模拟设定值

23　　固定频率　　　　　　　　　　　+模拟设定值

24　　通过 BOP 链路的 USS 设定　　　+模拟设定值

25　　通过 COM 联路的 USS 设定　　　+模拟设定值

26　　通过 COM 链路的 CB 设定　　　 +模拟设定值

30	无主设定值	＋固定频率
31	MOP 设定值	＋固定频率
32	模拟设定值	＋固定频率
33	固定频率	＋固定频率
34	通过 BOP 链路的 USS 设定	＋固定频率
35	通过 COM 联路的 USS 设定	＋固定频率
36	通过 COM 链路的 CB 设定	＋固定频率
40	无主设定值	＋BOP 链路的 USS 设定值
41	MOP 设定值	＋BOP 链路的 USS 设定值
42	模拟设定值	＋BOP 链路的 USS 设定值
43	固定频率	＋BOP 链路的 USS 设定值
44	通过 BOP 链路的 USS 设定	＋BOP 链路的 USS 设定值
45	通过 COM 联路的 USS 设定	＋BOP 链路的 USS 设定值
46	通过 COM 链路的 CB 设定	＋BOP 链路的 USS 设定值
50	无主设定值	＋COM 链路的 USS 设定值
51	MOP 设定值	＋COM 链路的 USS 设定值
52	模拟设定值	＋COM 链路的 USS 设定值
53	固定频率	＋COM 链路的 USS 设定值
54	通过 BOP 链路的 USS 设定	＋COM 链路的 USS 设定值
55	通过 COM 联路的 USS 设定	＋COM 链路的 USS 设定值
56	通过 COM 链路的 CB 设定	＋COM 链路的 USS 设定值
60	无主设定值	＋COM 链路的 CB 设定值
61	MOP 设定值	＋COM 链路的 CB 设定值
62	模拟设定值	＋COM 链路的 CB 设定值
63	固定频率	＋COM 链路的 CB 设定值
64	通过 BOP 链路的 USS 设定	＋COM 链路的 CB 设定值
65	通过 COM 联路的 USS 设定	＋COM 链路的 CB 设定值
66	通过 COM 链路的 CB 设定	＋COM 链路的 CB 设定值

P1001	固定频率 1			最小值：－650	访问级：2
	CStat：CUT	数据类型：U16	单位：Hz	缺省值：0	
	参数组：设定值	使能有效：立即	快速调试：否	最大值：650	

定义固定频率 1 的设定值。

P1002～P1007 为固定参数 2～7 的设定值。

P1040	MOP 设定值			最小值：－650	访问级：2
	CStat：CUT	数据类型：浮点数	单位：Hz	缺省值：5	
	参数组：设定值	使能有效：立即	快速调试：否	最大值：650	

说明：

如果电动电位计的设定值已选作主设定值或附加设定值，那么，将由 P1032 的缺省值（禁止 MOP 反向）来防止反向运行。

如果您想要使反向重新成为可能，应设定 P1032＝0。

P1091	跳转频率 1			最小值：0.00	访问级：3
CStat：CUT	数据类型：浮点数	单位：Hz	缺省值：0.00		
参数组：设定值	使能有效：立即	快速调试：否	最大值：650		

本参数确定第一个跳转频率，用于避开机械共振的影响，被抑制(跳越过去)的频带范围为本设定值＋/－P1101(跳转频率的频带宽度)。

提示：

在被抑制的频率范围内，变频器不可能稳定运行；运行时变频器将越过这一频率范围(在斜坡函数曲线上)例如，如果 P1091＝10 Hz，并且 P1101＝2 Hz，变频器在 10 Hz＋/－2 Hz(即，8 和 12 Hz 之间)范围内不可能连续稳定运行，而是跳越过去。

P1092	跳转频率 2			最小值：0.00	访问级：3
CStat：CUT	数据类型：浮点数	单位：Hz	缺省值：0.00		
参数组：设定值	使能有效：立即	快速调试：否	最大值：650.00		

本参数确定第一个跳转频率，用于避开机械共振的影响，被抑制(跳越过去)的频带范围为本设定值＋/－P1101(跳转频率的频带宽度)。

P1093	跳转频率 4			最小值：0.00	访问级：3
CStat：CUT	数据类型：浮点数	单位：Hz	缺省值：0.00		
参数组：设定值	使能有效：立即	快速调试：否	最大值：650.00		

本参数确定第一个跳转频率，用于避开机械共振的影响，被抑制(跳越过去)的频带范围为本设定值＋/－P1101(跳转频率的频带宽度)。

P1094	跳转频率 4			最小值：0.00	访问级：3
CStat：CUT	数据类型：浮点数	单位：Hz	缺省值：0.00		
参数组：设定值	使能有效：立即	快速调试：否	最大值：650.00		

本参数确定第一个跳转频率，用于避开机械共振的影响，被抑制(跳越过去)的频带范围为本设定值＋/－P1101(跳转频率的频带宽度)

P1101	跳转频率的频带宽度			最小值：0.00	访问级：3
CStat：CUT	数据类型：浮点数	单位：Hz	缺省值：2.00		
参数组：设定值	使能有效：立即	快速调试：否	最大值：10.00		

给出叠加在跳转频率上的频带宽度单位[Hz]。

P1232	直流制动电流			最小值：0.00	访问级：
CStat：CUT	数据类型：U16	单位：%	缺省值：100	2
参数组：功能	使能有效：立即	快速调试：否	最大值：250	

确定直流制动电流的大小，以电动机额定电流（P0305）的［%］值表示。

P1233	直流制动的持续时间			最小值：0	访问级：
CStat：CUT	数据类型：U16	单位：s	缺省值：0	2
参数组：功能	使能有效：立即	快速调试：否	最大值：250	

在 OFF1 命令之后，直流注入制动投入的持续时间。在持续时间内，即使发出 ON 命令，变频器也不能再起动。

数值：

P1233=0：OFF1 之后不投入直流制动。

P1233=1－250：在规定的持续时间内投入直流制动。

注意：

频繁地长期使用直流注入制动可能引起电动机过热。

提示：

直流注入制动是向电动机注入直流制动电流，使电动机快速制动到静止停车（施加的电流还使电动机轴保持不动）。发出直流制动信号时，变频器的输出脉冲被封锁，并且在电动机充分祛磁后（祛磁时间是根据电动机的数据自动计算出来的）向电动机注入直流制动电流。

5.4　MM420 变频器的应用

5.4.1　面板控制电机起动/停止

1. 参数设定步骤如下

参数设定步骤如表 5-3 所示。

表 5-3　参数设定步骤

序　号	参　数	数　值	含　义	备　注
第一步：复位成出厂的缺省设定值				
1	P0010	30	调出出厂设置参数	先恢复变频器参数为工厂缺省值，再设置本实
2	P0970	1	恢复出厂参数	训装置，**完成复位过程至少要** 10 s

（续表）

序 号	参 数	数 值	含 义	备 注
第二步:设置电机参数				
1	P0010	1	快速调试	
2	P0100	0	功率单位为 kW f 的缺省值为 50 Hz	
3	P0304	380	电动机的额定电压	根据电机的参数调整
4	P0305	0.18	电动机的额定电流	
5	P0307	0.03	电动机的额定功率	
6	P0310	50	电动机的额定频率	
7	P0311	1300	电动机的额定速度	
8	P1080	0	电动机最小频率	
9	P1082	50	电动机最大频率	
10	P1120	2	斜坡上升时间	电动机从静止加速到最大电动机频率所需时间
11	P1121	2	斜坡下降时间	电动机从最大电动机频率减速到静止所需时间
12	P3900	1	结束快速调试,进行电动机计算或复位为工厂缺省设置值	
第三步:外置电位计调速参数设置				
13	P0700	2	选择命令源由端子排输入	

注:P0700 设置为 1 时,命令源由 BOP 基本操作面板输入。

2. 操作如下

 起动变频器

 停止变频器

 改变电动机的转动方向

 电动机点动

5.4.2 基于外部电位器方式的变频器外部电压调速

1. 任务要求

（1）正确设置变频器输出的额定频率、额定电压、额定电流、额定功率、额定转速。

（2）通过外部端子控制电机启动/停止。

（3）通过调节电位器改变输入电压来控制变频器的频率。

2. 参数功能表及接线图

(1) 参数功能表(表 5 - 4)

表 5 - 4　参数功能表

序　号	变频器参数	出厂值	设定值	功能说明
1	P0304	230	380	电动机的额定电压(380 V)
2	P0305	3.25	0.35	电动机的额定电流(0.35 A)
3	P0307	0.75	0.06	电动机的额定功率(60 W)
4	P0310	50.00	50.00	电动机的额定频率(50 Hz)
5	P0311	0	1430	电动机的额定转速(1 430 r/min)
6	P1000	2	2	模拟输入
7	P0700	2	2	选择命令源(由端子排输入)
8	P0701	1	1	ON/OFF(接通正转/停车命令 1)

注：① 设置参数前先将变频器参数复位为工厂的缺省设定值。
　　② 设定 P0003＝2 允许访问扩展参数。
　　③ 设定电机参数时先设定 P0010＝1(快速调试)，电机参数设置完成设定 P0010＝0(准备)。

(2) 变频器外部接线图(图 5 - 10)

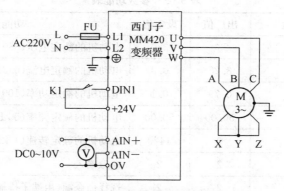

图 5 - 10　变频器外部接线图

3. 任务实施

(1) 检查实训设备中器材是否齐全。

(2) 按照变频器外部接线图完成变频器的接线，认真检查，确保正确无误。

(3) 打开电源开关，按照参数功能表正确设置变频器参数(具体步骤参照变频器实训七)。

(4) 打开开关"K1"，起动变频器。

(5) 调节输入电压，观察并记录电机的运转情况。

(6) 关闭开关"K1"，停止变频器。

5.4.3　外部端子控制电动机的启停、反转和转速

1. 按要求连接电路，注意输入电源为 220 V，输出为三相。电路连接见图 5 - 11。

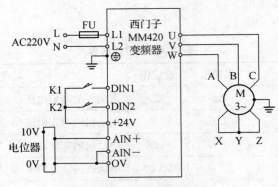

图 5-11　电路连接图

2. 仔细检查无误后,接通变频器电源。

3. 设置变频器参数:

① 设置参数前先将变频器参数复位为工厂的缺省设定值。

首先设定 P0010=30,而后定 P0970=1,然后停电 3 分钟(完成复位过程至少要 3 分钟)。

② 设定 P0003=2,允许访问扩展参数;设定 P0010=1 允许快速调试。

③ 设定电机参数和命令源(见表 5-5)。

表 5-5　参数功能表

序　号	变频器参数	出厂值	设定值	功能说明
9	P0304	230	380	电动机的额定电压(380 V)
10	P0305	3.25	0.3	电动机的额定电流(0.3A)
11	P0307	0.75	0.1	电动机的额定功率(100 W)
12	P0310	50.00	50.00	电动机的额定频率(50 Hz)
13	P0311	0	1420	电动机的额定转速(1 420 r/min)
14	P1000	2	2	模拟输入
15	P0700	2	2	选择命令源(由端子排输入)
16	P0701	1	1	ON/OFF(接通正转/停车命令 1)
17	P0702	12	12	接通反转命令

④ 参数设置完成后,设定 P0010=0(准备)。

4. 用外部端子控制电动机的起停和正反转。

5. 改变外部输入电压的大小来控制变频器的频率。

5.4.4　多段速度选择变频器调速

1. *相关知识*

在有些工业生产中需要几段固定频率的设定,本变频器提供了 7 个固定频率供用户选择。

选择固定频率的办法:

① 直接选择

② 直接选择＋ON 命令

③ 二进制编码选择＋ON 命令

直接选择(P0701－P0703＝15)

在这种操作方式下,一个数字输入选择一个固定频率。如果有几个固定频率输入同时被激活,选定的频率是它们的总和。

例如:FF1＋FF2＋FF3

直接选择＋ON 命令(P0701－P0703＝16)

选择固定频率时,既有选定的固定频率,又带有 ON 命令,把它们组合在一起。

在这种操作方式下,一个数字输入选择一个固定频率。如果有几个固定频率输入同时被激活,选定的频率是它们的总和。

例如:FF1＋FF2＋FF3

二进制编码的十进制数(BCD 码)选择＋ON 命令 P0701－P0703＝17

使用这种方法最多可以选择 7 个固定频率。各个固定频率的数值根据表 5－6 选择:

表 5－6　选择固定频率

DIN1	DIN2	DIN3		
不激活	不激活	不激活	OFF	
激活	不激活	不激活	FF1	P1001
不激活	激活	不激活	FF2	P1002
激活	激活	不激活	FF3	P1003
不激活	不激活	激活	FF4	P1004
激活	不激活	激活	FF5	P1005
不激活	激活	激活	FF6	P1006
激活	激活	激活	FF7	P1007

为了使用固定频率功能,需要用 P1000 选择固定频率的操作方式。

在"直接选择"的操作方式(P0701～P0703＝15)下,还需要一个 ON 命令才能使变频器运行,这里以(P0701～P0703＝17)"二进制编码的十进制数(BCD 码)选择＋ON 命令"。

2. 任务要求

(1) 正确设置变频器输出的额定频率、额定电压、额定电流、额定功率、额定转速。

(2) 通过外部端子控制电机多段速度运行,开关"K1"、"K2"、"K3"按不同的方式组合,可选择 7 种不同的输出频率。

(3) 运用操作面板改变电机启动的点动运行频率和加减速时间。

(4) 参数功能表见表 5－7 所示。

表 5-7　参数功能表

序　号	变频器参数	出厂值	设定值	功能说明
1	P0304	230	380	电动机的额定电压(380 V)
2	P0305	3.25	0.35	电动机的额定电流(0.35 A)
3	P0307	0.75	0.06	电动机的额定功率(60 W)
4	P0310	50.00	50.00	电动机的额定频率(50 Hz)
5	P0311	0	1 430	电动机的额定转速(1 430 r/min)
6	P1000	2	3	固定频率设定
7	P1080	0	0	电动机的最小频率(0 Hz)
8	P1082	50	50.00	电动机的最大频率(50 Hz)
9	P1120	10	10	斜坡上升时间(10 s)
10	P1121	10	10	斜坡下降时间(10 s)
11	P0700	2	2	选择命令源(由端子排输入)
12	P0701	1	17	固定频率设值(二进制编码选择+ON命令)
13	P0702	12	17	固定频率设值(二进制编码选择+ON命令)
14	P0703	9	17	固定频率设值(二进制编码选择+ON命令)
15	P1001	0.00	5.00	固定频率1
16	P1002	5.00	10.00	固定频率2
17	P1003	10.00	20.00	固定频率3
18	P1004	15.00	25.00	固定频率4
19	P1005	20.00	30.00	固定频率5
20	P1006	25.00	40.00	固定频率6
21	P1007	30.00	50.00	固定频率7

注:① 设置参数前先将变频器参数复位为工厂的缺省设定值。

　　② 设定 P0003=2 允许访问扩展参数。

　　③ 设定电机参数时先设定 P0010=1(快速调试),电机参数设置完成设定 P0010=0(准备)。

(5) 变频器外部接线图(图 5-12)

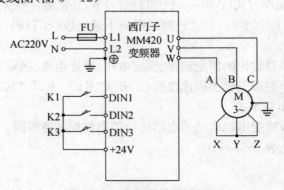

图 5-12　变频器外部接线图

3. 任务实施

(1) 检查实训设备中器材是否齐全。

(2) 按照变频器外部接线图完成变频器的接线,认真检查,确保正确无误。

(3) 打开电源开关,按照参数功能表正确设置变频器参数。

(4) 切换开关"K1"、"K2"、"K3"的通断,观察并记录变频器的输出频率。

(5) 各个固定频率的数值根据表 5-8 选择。

表 5-8　选择固定频率

K1	K2	K3	输出频率
OFF	OFF	OFF	OFF
ON	OFF	OFF	固定频率 1
OFF	ON	OFF	固定频率 2
ON	ON	OFF	固定频率 3
OFF	OFF	ON	固定频率 4
ON	OFF	ON	固定频率 5
OFF	ON	ON	固定频率 6
ON	ON	ON	固定频率 7

习题 5

1. 简述 BOP 面板的操作过程。

2. 变频器快速调试的步骤是什么?

3. 总结通过模拟量控制电机运行频率的方法。

4. 总结使用变频器外部端子控制电机点动运行的操作方法。

第 6 章　变频控制系统的组成

学习目标

1. 了解电动机和负载的机械特性。
2. 掌握变频调速系统主电路的构成。
3. 掌握主电路外接电器的选择方法。
4. 理解控制电路的原理。
5. 理解 PLC 控制变频器的方法。

在详细了解变频器的功能选择与参数后,本章主要根据负载特性选择变频器,进行变频器与外围设备的接线,并在此基础上,利用一节内容简要介绍国产 SINE003 通用变频器的外部接线与参数设定。

6.1　电力拖动系统的组成

6.1.1　拖动系统组成与参数

1. 拖动系统组成

用电动机作为原动机,拖动生产机械完成一定生产任务的系统,称为电力拖动系统。电力拖动系统一般有电动机、生产机械、传动机构、控制设备及电源五部分组成。

拖动系统的组成如图 6-1 所示。其中,电动机是把电能转换为机械能,用来拖动生产机械工作的;生产机械是执行某一生产任务的机械设备;控制设备由各种控制电机、电器、自动化元件或工业控制计算机、可编程控制器等组成,用以控制电动机的运动,从而实现对生产机械运行的控制;电源对电动机和电气控制设备供电。最简单的电力拖动系统如电风扇、洗衣机等,复杂的电力拖动系统如轧钢机、电梯等。

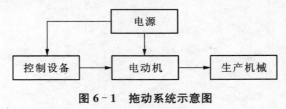

图 6-1　拖动系统示意图

2. 拖动系统主要参数

（1）转速

拖动系统的基本工作就是由电动机以一定转速带动生产机械运行。因此,转速是拖动系统的主要参数之一。用 n_M 表示电动机的转速;用 n_L 表示生产机械的轴转速。

（2）转矩

电动机的输出转矩 T_M 克服负载阻转矩 T_L,使得拖动系统运行工作。这是两种转矩平衡的结果。

6.1.2　三相异步电动机的机械特性

三相异步电动机的运行特性主要指三相异步电动机的机械特性和工作特性。

在电源的电压和频率固定为额定值时,电动机产生的电磁转矩 T 与转子转速 n 的关系 $n=f(T)$ 称为电动机的机械特性,这种关系用曲线表示称为电动机的机械特性曲线,三相异步电动机的机械特性曲线大致如图 6-2 所示。

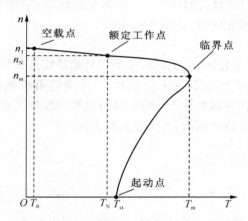

图 6-2　三相异步电动机的机械特性曲线

1. 额定参数的机械特性

机械特性曲线上值得注意的是四个特殊工作点和两段运行区。

1）四个特殊工作点

（1）空载点（$T=T_0,n=n_0\approx n_1$）

电动机空载是指电动机通电后已经转动但轴上没有带任何机械,此时电动机的电磁转矩 T_0 只是克服电动机本身的机械摩擦和风扇的阻力。由于空载转矩 T_0 很小,故空载转速 n_0 接近同步转速 n_1。同步转速又称为理想空载转速。

（2）额定工作点（$T=T_N,n=n_N$）

电动机的电磁转矩为额定转矩 T_N 时,电动机的转速为额定转速 n_N。额定转矩是电动机在额定电压下,以额定转速运行,输出额定功率时,其轴上输出的转矩。

（3）临界点（$T=T_m,n=n_m$）

对应于临界点的电磁转矩是电动机的最大转矩 T_m,此时的转速为临界转速 n_m。为了描述电动机瞬间的过载能力,通常用最大转矩与额定转矩的比值 T_m/T_N 来表示,称为过载

系数 λ_m,即

$$\lambda_m = \frac{T_m}{T_N}$$

（4）启动点（$T=T_{st}$，$n=0$）

电动机在被接通电源起动的最初瞬间,转速为零,这时电动机所产生的电磁转矩就是启动转矩 T_{st}。当起动转矩 T_S 小于负载转矩 T_L 时,电动机无法起动,此转矩称为堵转转矩。因此,起动转矩应大于电动机额定转矩的 1.5～2.2 倍。

2)两段运行区

以临界工作点为界,机械特性曲线分为两个运行区,从空载点到临界点为稳定区,从起动点到临界点为不稳定区。在稳定区内,电动机的转矩随转速的升高而减小,随转速的降低而增大;在不稳定区内,转矩随转速的变化情况相反。

（1）稳定区

当电动机工作在稳定区上某一点时,电磁转矩 T 能自动地与轴上的负载转矩 T_L 相平衡(忽略空载损耗转矩 T_0)而保持匀速转动。如果负载转矩 T_L 变化,电磁转矩 T 将适应随之变化,达到新的平衡而稳定运行,如图 6-3 所示。

（2）不稳定区

如果电动机工作在不稳定区,则电磁转矩不能自动适应负载转矩的变化,因而不能稳定运行。例如负载转矩 T_L 增大,使转速 n 降低时,工作点将沿机械特性曲线下移,电磁转矩反而减小,会使电动机的转速越来越低,直到停转,这种现象称为堵转(也称闷车);当负载转矩减小时,电动机转速又会越来越高,直至进入稳定区运行。

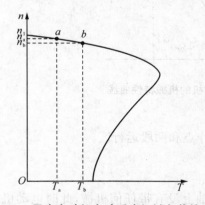

图 6-3　异步电动机自动适应机械负载的变化

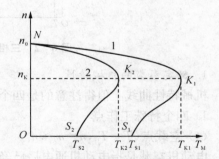

图 6-4　外加电压对机械特性的影响

2. 影响机械特性的人为因素

由电机理论可知,影响电动机转矩的因素有电源电压、转子电阻和电源频率三个参数。如果改变这三个参数,电动机的机械特性也将随之改变。

（1）改变电源电压

改变电源电压后的机械特性如图 6-4 中的曲线 2 所示。

与额定参数机械特性曲线 1 相比较可以看出,理想空载点不变,同步转速 n 不变,但临界点左移,临界转矩减小为 T_{K2},临界转速 n_k 不变,起动转矩减小为 T_{S2}。

异步电动机的降压起动,是改变电源电压后的机械特性的典型应用。

（2）改变转子电阻

改变转子电阻后的机械特性如图 6-5 曲线 2 所示。与额定参数机械特性曲线 1 相比较可以看出,同步转速 n_0 和临界转矩 T_K 不变,但临界转速却减小到 n_{k2},说明电动机的转差率增大,同时起动转矩增大到 T_{S2}。改变转子电阻方式一般用于绕线式异步电动机。

（3）降低电源频率

降低电源频率后的机械特性如图 6-6 中的曲线 2 所示。与额定参数机械特性曲线 1 相比较可以看出,理想空载点下降,同步转速降低为 n_{02},临界点下降,临界转矩减小为 T_{K2},临界转速下降到 n_{K2}。

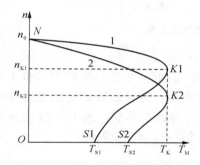

图 6-5　改变电阻后的机械特性

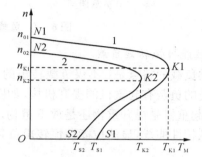

图 6-6　降低电源频率后的机械特性

6.2　生产机械的负载特性

负载的机械特性就是生产机械的负载特性。它表示同一转轴上转速与负载转矩之间的函数关系,即 $n=f(T_L)$。虽然生产机械的类型很多,但是大多数生产机械的负载特性可概括为下列 3 类。

6.2.1　恒转矩负载特性

这一类负载比较多,它的机械特性的特点是:负载转矩 T_L 的大小与转速 n 无关,即当转速变化时,负载转矩保持常数。根据负载转矩的方向是否与转向有关,恒转矩负载又分为反抗性恒转矩负载和位能性恒转矩负载两种。

1. 反抗性恒转矩负载

这类负载的特点是:负载转矩的大小恒定不变,而负载转矩的方向总是与转速的方向相反,即负载转矩始终是阻碍运动的。属于这一类的生产机械有起重机的行走机构,皮带运输机等。图 6-7(a)所示为桥式起重机行走机构的行走车轮,它在轨道上的摩擦力总是和运动方向相反的。图 6-7(b)所示为对应的机械特性曲线,显然反抗性恒转矩负载特性位于第一和第三象限内。

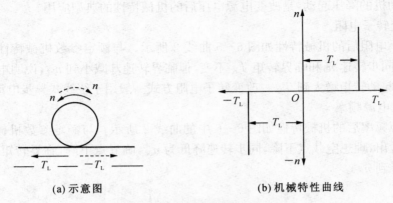

(a) 示意图   (b) 机械特性曲线

图 6-7 负载转矩与旋转方向关系

2. 位能性恒转矩负载

这类负载的特点是：不仅负载转矩的大小恒定不变，而且负载转矩的方向也不变。属于这一类的负载有起重机的提升机构，如图 6-8(a)所示。其负载转矩是由重力作用产生的，无论起重机是提升重物还是放下重物，重力作用方向始终不变。图 1-42(b)所示为对应的机械特性曲线，显然位能性恒转矩负载特性位于第一与第四象限内。

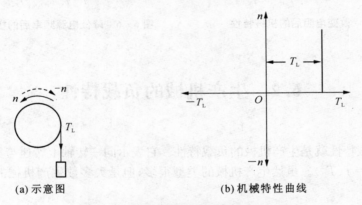

(a) 示意图   (b) 机械特性曲线

图 6-8 位能性负载转矩与旋转方向关系

6.2.2 恒功率负载特性

恒功率负载的特点是：负载转矩与转速的乘积为一常数，即负载功率 $P_L = T_L \Omega = T_L \dfrac{2\pi}{60} n =$ 常数，也就是负载转矩 T_L 与转速 n 成反比。它的机械特性曲线是一条双曲线，如图 6-9 所示。

在机械加工工业中，车床在粗加工时，切削量比较大，切削阻力也大，宜采用低速运行；而在精加工时，切削量比较小，切削阻力也小，宜采用高速运行。这就使得在不同情况下，负载功率基本保持不变。

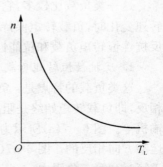

图 6-9 恒功率负载特性曲线

6.2.3　通风机类负载特性

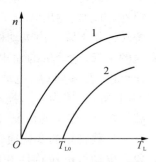

通风机类负载有通风机、水泵、油泵等,它们的特点是负载转矩与转速的平方成正比,也称为二次方律负载,即 $T_L \propto kn^2$,其中 k 是比例常数。这类机械的负载特性曲线是一条抛物线,图 6-10 中曲线 1 所示。

以上介绍的是 3 种典型的负载转矩特性,而实际的负载转矩特性往往是几种典型特性 T_{L0} 的综合。如实际的鼓风机除了主要是通风机负载特性外,由于轴上还有一定的摩擦转矩,因此实际通风机的负载特性应为 $T_L = T_{L0} + kn^2$。曲线如图 6-10 中曲线 2 所示。

图 6-10　泵与风机类负载特性曲线

6.3　拖动系统的运行状态

6.3.1　拖动系统的工作点

1. 工作点的意义

在电力拖动系统中,电动机的机械特性与负载机械特性的交叉点,称为拖动系统的工作点,如图 6-11 所示。图中曲线 1 为电动机机械特性,曲线 2 为负载机械特性,两条特性曲线的交叉点 Q 为工作点。Q 点的意义是:只有当转速为 n_Q 时,电动机转矩 T_M 与负载转矩 T_L 才能达到平衡。

如果转速上升过程中,出现 $T_M < T_L$,则系统将减速;如果在降速过程中,出现 $T_M > T_L$,则系统将加速。可见,只有 Q 点才是拖动系统稳定运行的工作点。

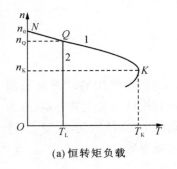
(a) 恒转矩负载

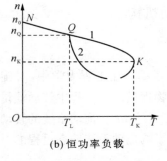
(b) 恒功率负载

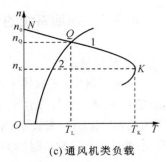
(c) 通风机类负载

图 6-11　拖动系统的工作点

2. 负载变化对工作点影响

图 6-12 所示为恒转矩负载,特性曲线 1,转矩大小为 T_{L1}。此时,拖动系统稳定运行在

Q_1 点,对应转速为 n_{Q1}。若负载转矩发生变化,增大为 T_{L2},负载机械特性移动到曲线 2,在 T_{L2} 增大的瞬间,由于惯性,电动机输出转矩 T_M 未变,此时 $T_M < T_{L2}$,故拖动系统转速将下降。由电动机的机械特性曲线 3 可见,随着转速的下降,电动机的输出转矩 T_M 要增大,拖动系统的工作点由 Q_1 移到 Q_2,电动机的输出转矩 T_M 又与负载转矩 T_{L2} 相等,转速为 n_{Q2},拖动系统达到了一个新的平衡。负载转矩 T_L 变小的情况,请自行分析。

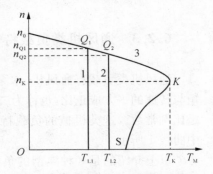

图 6‐12　负载变化对工作点的影响

负载转矩的变化通常是在生产过程中自然发生的现象。电动机机械特性并没有改变,其工作点的移动并非人工所为,由此引起的转速下降(上升)称为转速降(转速升)。

6.3.2　拖动系统动态过程分析

拖动系统的工作点是系统的稳定运行点。拖动系统从一个工作点转移到另一个工作点的动态过程,也称为过渡过程。拖动系统运行状态取决于电动机输出转矩与负载转矩间的比较。

当 $T_M > T_L$ 时,系统是升速过程,转速上升;

当 $T_M < T_L$ 时,系统是降速过程,转速下降;

当 $T_M = T_L$ 时,系统是等速运行,转速不变。

所谓动态过程,是指电动机转矩与负载转矩不平衡时发生的升速或降速过程。通常情况下,动态过程发生在生产机械的工作过程中。对此,人们总是希望发生这个过程的时间越短越好,以利于系统的稳定运行。

在动态过程中,电动机转矩与负载转矩之差,称为动态转矩 T_J。动态转矩是系统产生加速度的原因。可见,当动态转矩 T_J 很大时,加速度也很大,升速过程加快,过渡过程时间缩短;反之,如果动态转矩 T_J 小,加速度也小,升速过程缓慢,则过渡过程时间长。

6.3.3　拖动系统的传动机构

1. 转动惯量

拖动系统中,多数属于回转运动。在工程力学中,对旋转体的运动常用转动惯量来衡量,它是描述旋转体惯性大小的物理量。在工程中转动惯量折合到机械飞轮上的力矩,称为飞轮力矩,用 GD^2 来表示,单位为 $N \cdot m^2$。拖动系统的转动惯量越大,系统的起动、制动、停车就越困难。因此,飞轮力矩是影响拖动系统动态过程的一个重要参数。

2. 传动机构

在电力拖动系统中,电动机与生产机械通常是通过传动机构相连接的,其作用是改变转速和转矩。常用的传动方式有啮合传动和摩擦传动。电动机侧的轴转速 n_M 与负载侧的轴转速 n_L 之比,称为传动机构传动比 λ,即

$$\lambda = \frac{n_{M}}{n_{L}} \qquad (6-1)$$

传动机构的输入、输出转矩与轴转速的关系是

$$\frac{T_{M}}{T_{L}} = \frac{n_{L}}{n_{M}} = \frac{1}{\lambda} \qquad (6-2)$$

传动机构两侧的转矩与轴转速成反比,转矩越大的一侧,转速反而越小。如果忽略传动机构的功率损耗,则输入功率等于输出功率。功率正比于转矩 T 与转速 n 的乘积,即

$$P = \frac{2\pi}{60} T_{n} \qquad (6-3)$$

6.4　变频调速系统主电路及外接电器的选择

6.4.1　变频调速系统主电路

交流电源到负载之间的电路,称为变频调速系统的主电路。不同型号的变频器主回路接线端子基本是相同的。R、S、T 为交流电源输入端,U、V、W 为变频电源输出端。若要构成一个比较完整的主电路,需要变频器与许多外接电器一起配合使用。变频调速系统主电路如图 6-13 所示。三相交流电源与短路保护的熔断器 FU 相连。自动空气开关 QS 作为整个电路的电源开关。接触器 KM 用于变频器电源控制。交流电抗器 AL 与噪声滤波器 ZF 用于变频器输入、输出电路的滤波与抗干扰。三相交流电源接到变频器电源输入端子 R、S、T。由变频器输出端子 U、V、W 经输出交流电抗器 AL 和热继电器 FR 接至电动机。

在实际工程中,变频器电路中的外接电器不一定需要全部连接,有的电器只是选用件。图 6-14 所示是最常见的一台变频器驱动一台电动机的主电路。由于变频器内部有电子热保护功能,因此,在只接一台电动机的情况下,可以不必接热继电器 FR。

有些系统为了降低设备成本,由一台变频器控制多台电动机。但一台变频器只能驱动一台电动机,而其他各台电动机工频运行。常用的多台水泵供水系统就是采用这种方式控制的,称为 1 控 X。在这种情况下,熔断器 FU 和热继电器 FR 是不能省掉的。

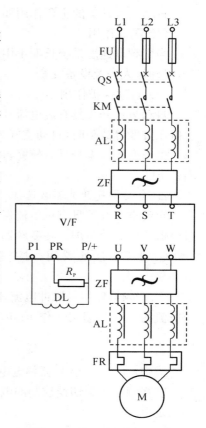

图 6-13　变频调速系统主电路

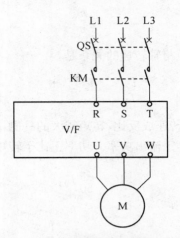

图 6-14　一台变频器驱动一台电动机的主电路

6.4.2　自动空气开关

1. 自动空气开关的作用

自动空气开关的主要作用如下：

(1) 隔离作用

当变频调速度系统长期不用或出现故障需要维修时,将其切断,使得电源与变频系统隔离,以确保人身及设备安全。

(2) 自动保护作用

自动空气开关具有过电流及欠电压保护功能。当变频器的输入侧发生短路而过流或发生电压过低等故障时,自动空气开关可迅速跳闸。

由于变频器本身具有较完善的过电流和过载保护功能,所以变频器进线侧可不加装熔断器 FU。

2. 自动空气开关参数选择

自动空气开关具有过电流保护功能。为了避免误动作,选用时应对正常过电流与过载过电流予以充分考虑。在变频器控制电路中,属于正常过电流的情况有以下几种：

① 变频器接通瞬间,对变频器中间直流环节电容器的充电电流是其额定电流的 2～3倍。

② 变频器输出是脉冲电流,峰值经常超过额定电流。一般变频器允许的过载能力是额定电流的 150%,且可工作 1 min。为避免误动作,自动空气开关的额定电流 I_{QN} 应选为

$$I_{QN} > (1.3 \sim 1.4) I_{CN} \qquad\qquad (6-4)$$

式中：I_{CN}——变频器额定电流,单位 A。

在变频与工频切换控制的电路中,自动空气开关的额定电流应该大于电动机在工频下的额定电流

$$I_{QN} > 2.5 I_{MN} \qquad\qquad (6-5)$$

式中：I_{MN}—— 电动机额定电流，单位 A。

6.4.3　输入侧交流接触器

1. 安装交流接触器的必要性

① 交流接触器主要用于远距离接通或分断三相交流电源。

② 当变频器出现故障时能及时切断主电源，并且防止掉电或出现故障后的再起动。

③ 当出现故障进行维修时，使变频器与电源隔离，以保障人身安全。

接触器的应用位置不同，其型号的选择也不尽相同。常用的有国产 CJ10 和 CJ12 系列产品。

2. 输入侧接触器的选择

以图 4 - 17 为例，变频器输入侧接触器的选择原则、是接触器主触点额定电流 I_{KN} 大于或等于变频器的额定电流 I_{CN}，即

$$I_{KN} \geqslant I_{CN} \tag{6-6}$$

6.4.4　输出侧交流接触器

1. 安装的必要性

① 变频器输出侧的接触器通常用于变频与工频的切换。

② 用一台变频器控制两台以上电动机时，必须在变频器停止时进行切换。

③ 在电动机停止期间，切断电动机与变频器的连接。

2. 接触器的选择

因为变频器输出电流中含有较强的谐波成分，其电流有效值应略大于工频运行的有效值，所以，主触点的额定电流 I_{KN} 应该大于 1.1 倍电动机额定电流 I_{MN}，即

$$I_{KN} > 1.1 I_{MN} \tag{6-7}$$

3. 工频接触器的选择

工频接触器的选择应该考虑到电动机在工频下的起动情况，读者可参考有关电力拖动等方面的书籍。

6.4.5　保护电器

1. 熔断器的选择

只有正确地选择熔断器和熔体才能起到应有的保护作用，通常熔体的额定电流 I_{UN} 可根据下式选择

$$I_{UN} > (1.1 \sim 2.0) I_{MN} \tag{6-8}$$

2. 热继电器的选择

热继电器是利用电流热效应来切换电路的保护电器，用作电动机的过载保护，其热元件

的额定电流 I_{RN} 可根据下式选择

$$I_{RN} \geqslant (0.95 \sim 1.15)I_{MN} \qquad\qquad (6-9)$$

6.4.6　交流电抗器

1. 安装交流电抗器的必要性

交流电抗器实质上是一个带有铁心的电感线圈,其外形如图 6-15 所示。

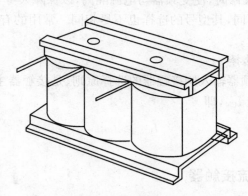

图 6-15　交流电抗器外形

在变频器输入侧加装交流电抗器的主要作用是为了削弱高次谐波电流,改善功率因数。输入侧交流电抗器为变频器外围配置电器。系统中如果存在以下问题应该考虑加装交流电抗器。

① 应用变频器场合的电源容量大于变频器容量 10 倍以上,应该加装交流电抗器。

② 在同一电源中,若接有晶闸管整流器或电源中装有为提高功率因数的电容补偿装置,应该加装交流电抗器。

③ 当三相电源电压不平衡且大于 3% 时,应该加装交流电抗器。

④ 变频器输入电流中的高次谐波电流含有无功成分,它将引起变频调速系统功率因数下降,如果下降至 0.75 以下,则应加装交流电抗器。

⑤ 当变频器功率大于 30 kW 时,应该加装交流电抗器。

⑥ 变频器的输出侧一般不加装交流电抗器,必要时也可加装。

2. 对电抗器的技术要求

选择交流电抗器应该满足以下技术要求:电抗器自身工艺质量好,分布电容小。其固有频率要避开抑制频率范围,保证工频压降在 2% 以下,以便尽量减小功率损耗。

常用交流电抗器的规格见表 6-1,交流电抗器的型号为:ACL-□。型号中□为使用变频器容量的 kW 数。例如,ACL-75 说明此电抗器应配置在 75 kW 的变频器中使用。

在输入电路内接入电抗器是抑制较低次谐波电流的有效方法,其主要意义是:

① 通过抑制谐波电流,将功率因数提高至 0.85 以上。

② 削弱输入电路中浪涌电流对变频器的冲击,在电路中起到了缓冲作用。

③ 削弱电源电压不平衡的影响。

表 6 - 1　常用交流电抗器规格

电动机容量/kW	30	37	45	55	75	90	110	160
变频器容量/kW	30	37	45	55	75	90	110	160
电感量/mH	0.32	0.26	0.21	0.18	0.13	0.11	0.09	0.06

6.4.7　直流电抗器

1. 直流电抗器接法和功能

直流电抗器并联在变频器 P1、P/＋端子之间(参见图 6 - 9)。直流电抗器的外形如图 6 - 16 所示。

直流电抗器的作用是削弱输入电流中高次谐波电流和变频器通电瞬间的冲击电流,提高功率因数。在提高功率因数方面比交流电抗器更为有效,如果与交流电抗器一起使用,功率因数可达 0.95 以上,并具有结构简单、体积小等优点。

2. 直流电抗器规格

直流电抗器的规格如表 6 - 2 所示。

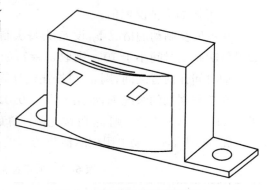

图 6 - 16　直流电抗器外形

表 6 - 2　直流电抗器规格

电动机容量/kW	30	37～55	75～90	110～132	160～200	230	280
允许电流/A	75	150	220	280	370	560	740
电感量/mH	600	300	200	140	110	70	55

6.4.8　直流制动电阻与制动单元

1. 直流制动电阻的选择

要计算直流制动电阻,就必须先准确地算出电动机所需的制动转矩,而这一参数的计算极为复杂,它涉及系统的其他参数。因此,要准确计算制动电阻阻值是非常麻烦的。

① 直流制动电阻的精确计算公式为

$$R_B = \frac{9.55 U_{DH}^2}{(T_B - 0.2 T_{MN}) n_{M1}} \tag{6-10}$$

式中：R_B——直流制动电阻阻值,单位 Ω；

　　　T_B——所需要的制动转矩,单位 N · m；

　　　U_{DH}——直流回路电压的允许上限值,我国规定 $U_{DH} = 600$ V；

　　　n_{M1}——降速前的电动机转速,单位 r/min。

② 有关资料表明,当放电电流等于电动机额定电流的一半时,就可以得到与电动机的额定转矩相等的制动转矩。因此,直流制动电阻值的粗略计算公式为

$$R_B = \frac{2U_{DH}}{I_{MN}} \sim \frac{U_{DH}}{I_{MN}} \tag{6-11}$$

③ 直流制动电阻的功率 P_B

$$P_B = \alpha_B \frac{U_{DH}^2}{R_B} \tag{6-12}$$

式中:α_B—— 修正系数。

α_B 可按如下情况取值:

在不反复制动的情况下,设 t_B 为每次制动所需的时间;t_C 为每个制动周期所需的时间。如果每次制动时间小于 10 s,则取 $\alpha_B=7$;如果每次制动时间超过 100 s,则取 $\alpha_B=1$;如果每次制动时间在两者之间,则 α_B 可按比例计算取值。

在反复制动的情况下,如果 $t_B/t_C<0.01$,则取 $\alpha_B=5$;如果 $t_B/t_C>0.15$,则取 $\alpha_B=1$;如果 $0.01<t_B/t_C<0.05$,则 α_B 可按比例计算取值。

④ 常用直流制动电阻的阻值与功率见表 6-3。

表 6-3　常用直流制动电阻的阻值与功率

电动机容量/kW	电阻值/Ω	电阻功率/kW	电动机容量/kW	电阻值/Ω	电阻功率/kW
0.40	1 000	0.14	37	20.0	8
0.75	750	0.18	45	16.0	12
1.50	350	0.40	55	13.6	12
2.20	250	0.55	75	10.0	20
3.70	150	0.90	90	10.0	20
5.50	110	1.30	110	7.0	27
7.50	75	1.80	132	7.0	27
11.0	60	2.50	160	5.0	33
15.0	50	4.00	200	4.0	40
18.5	40	4.00	220	3.5	45
22.0	30	5.00	280	2.7	64
30.0	24	8.00	315	2.7	64

由于制动电阻的阻值和功率不容易准确计算,如果选择不当,阻值偏小或功率偏小,则很容易被烧坏。因此,制动电阻箱内应加装热继电器 FR,以实现对其保护。

2. 直流制动单元

通常情况下,配用电动机大于 7.5 kW 的变频器,其内部没有直流制动单元,需根据变频器容量及负载情况配置外接选件。

6.5　变频调速系统控制电路

　　为变频器主电路提供通、断控制信号的电路,称为控制电路。变频器本身具备多种控制功能,但有些功能是靠外接控制电路与内部控制电路协调完成的。由外接电路来控制变频器的运行工作方式,称为远控方式,也称为外控运行方式。在需要进行外控方式时,首先要对变频器的操作模式进行设置,如三菱 FR‑A540 系列变频器,功能设置 Pr.79＝2 为外部操作模式。

6.5.1　正转控制电路

1. 开关控制电路

　　开关控制正转电路如图 6‑17 所示。根据正转端子功能,在变频器 STF 和 SD 端子之间接入开关 SA。接触器 KM 仅用于为变频器提供三相交流电源。电动机的起动和停止由开关 SA 来控制,采用电位器 R_P 进行外部频率给定。

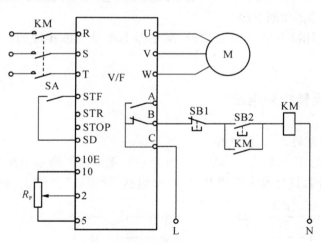

图 6‑17　开关控制正转电路

　　电路的工作过程如下:按下 SB2,接触器 KM 线圈得电吸合,主触点闭合并自锁,变频器电源接通。闭合开关 SA,电动机正转运行。分断开关 SA,电动机停机。按下 SB1,接触器 KM 失电,主触点分断并解除自锁,切断变频器电源。在运行过程中,如果变频器出现故障或异常情况时,异常输出端子的 A—C 间导通,输出报警信号,可接入报警器。B—C 间分断,输出跳闸信号,接触器 KM 失电,也切断变频器电源。值得注意的是,不允许用接触器直接起动变频器。

2. 继电器控制电路

　　采用继电器控制的正转运行电路如图 6‑18 所示。电动机起动与停止是由继电器 KA 来完成的。

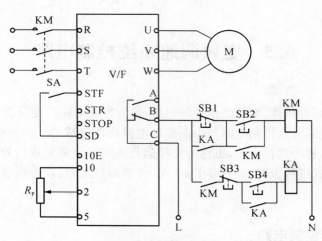

图 6-18　继电器控制的正转电路

工作原理如下：按下按钮 SB2，接触器 KM 得电吸合并自锁，接通变频器电源。同时也为继电器 KA 得电做准备。

按下电动机正转运行按钮 SB4，KA 得电吸合并自锁，电动机正转起动运行。当电动机需要停止时，先按下正转停止按钮 SB3，继电器 KA 失电，电动机正转停止。再按下 SB1，接触器 KM 失电使变频器切断电源。

由此可见，在接触器 KM 未吸合之前，继电器 KA 是不能接通的，从而防止了先接通 KA 的误动作。

6.5.2　正、反转控制电路

1. 三位开关控制的正、反转电路

三位开关控制的正、反转电路如图 6-19 所示。图 6-19 所示电路与图 6-17 所示正转控制电路基本相同，只是改为三位开关，其中包括了"正转"、"停止"和"反转"三个位置。

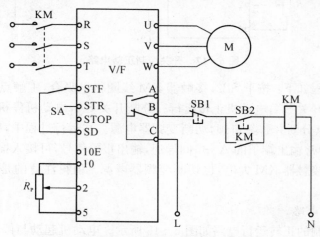

图 6-19　三位开关控制的正、反转电路

这种电路的缺点是难以避免由 KM 直接控制变频器或在 SA 尚未停机时,通过 KM 而切断电源的误动作。

2. 继电器控制的正、反转电路

继电器控制的正、反转电路如图 6-20 所示。电路中 KA1 为正转控制继电器,KA2 为反转控制继电器,且 KA1 与 KA2 互锁,其工作原理如下:

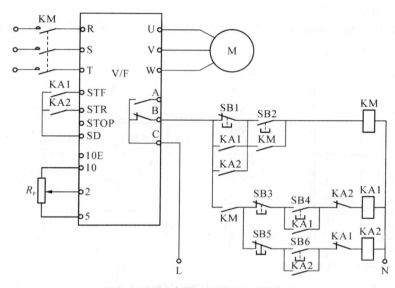

图 6-20　继电器控制的正、反转电路

① 按下按钮 SB2,接触器 KM 得电吸合并自锁,主触点闭合将变频器电源接通。

② 按下按钮 SB4,继电器 KA1 得电吸合并自锁,同时切断反转控制电路,其动合触点接通变频器正转控制端子 STF,电动机正转运行。

③ 按下按钮 SB6,继电器 KA2 得电吸合并自锁,同时切断正转控制电路,其动合触点接通变频器反转控制端子 STR,电动机反转运行。

由此可见,只有在接触器 KM 已得电吸合的情况下,才能实现变频器的正转与反转起动与运行。

6.6　变频器与 PLC 的连接

可编程控制器(PLC)是一种数字运算与操作的控制设备。PLC 作为传统继电器替代产品,广泛应用于工业控制的各个领域。由于 PLC 可以用软件来改变控制过程,并有体积小、安装灵活、编程简单、抗干扰能力强和可靠性高等特点,所以在对以变频器组成的自动控制系统进行控制时,很多情况下是采用 PLC 和变频器配合使用,由 PLC 提供控制信号。

PLC 系统包括中央处理单元、I/O 接口模块和编程单元等。

6.6.1　开关指令信号输入

变频器输入信号中包括很多开关型指令信号,如运行/停止、正转/反转、点动和多挡转速控制等。

1. PLC 的作用

PLC 通常利用继电器触点或具有开关特性的元器件(如晶体管)与变频器相连接,向变频器发出控制指令,如图 6－21 所示。

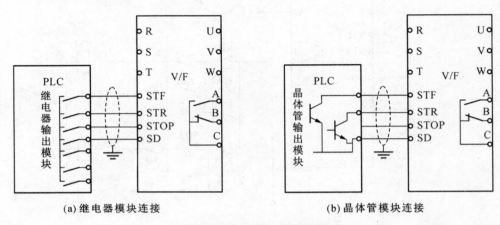

(a) 继电器模块连接　　　　　　　　(b) 晶体管模块连接

图 6－21　PLC 与变频器的连接

2. PLC 的输出

PLC 在使用继电器模块输出时,要求继电器的触点容量为直流 35 V 和 100 mA 以上。在使用继电器接点时,在继电器动作过程中,线圈通、断的浪涌电流会产生噪声,有时会出现触点接触不良而引起变频器的误动作。在维护和使用系统时应该注意检查 PLC 与变频器的信号连接电路。

在使用晶体管输出模块进行连接时,则需考虑晶体管本身的电压、电流容量等因素,要求晶体管耐压在直流 35 V 和电流 100 mA 以上,以保证系统的可靠性。

6.6.2　数值型信号输入

变频器输入信号中,除开关型信号外,还有数值型(如频率、电压等)指令信号。这些输入信号分为数字信号和模拟信号两种。

1. 数字信号输入

变频器数字信号的输入,多采用操作面板上的键盘,或者分别采用 PLC 和 PC 通信方式来给定。

2. 模拟信号输入

模拟信号输入则是通过接线端子由外部给定,通常通过 0～10 V/5 V 的电压信号或4～20 mA 的电流信号输入。

若变频器与 PLC 的接口电路信号不匹配,则必须根据变频器的输入阻抗选择 PLC 的输出模块。当变频器和 PLC 的电压信号范围不同时,如变频器的输入电压信号范围为 0～10 V,而 PLC 的输出电压信号范围为 0～5 V 时,或 PLC 一侧的输出信号电压范围为 0～10 V,而变频器的输入电压信号范围为 0～5 V 时,由于变频器和晶体管的允许电压、电流等因素的限制,则需采用串联电阻分压方式接入限流电阻,以保证通断时不超过 PLC 和变频器相应的容量。此外,在连线时还应注意布线分开,保证主电路一侧的噪声不传到控制电路中。

6.6.3　PLC 与变频器的匹配

1. 连接阻抗

通常变频器也通过接线端子向外部输出相应的监测模拟信号,这个信号的范围通常为 0～10 V/5 V 的电压信号或 4～20 mA 电流信号。无论哪种情况,都必须注意 PLC 一侧的输入阻抗大小,以保证电路中电压和电流不超过电路的允许值,提高系统的可靠性和减少误差。此外,由于这些监测系统的组成互不相同,使用时应仔细阅读技术手册。

2. 传输时间

在使用 PLC 进行顺序控制时,由于 CPU 进行数据处理需要时间,所以信号的传输会存在着一定的延迟,在精度要求较高的系统中应加以考虑。另外,因为变频器在运行中会产生较强的电磁干扰,所以还应考虑要保证 PLC 不因变频器主电路开关及开关器件等产生的噪声而出现故障。

3. 注意事项

在变频器与 PLC 相连接时应该注意以下几点:

(1) 接线问题

应按 PLC 规定的接线标准和接地条件进行接地,还应避免和变频器使用共同的接地线,在接地时二者尽可能分开。

(2) 电源问题

当电源条件不太好时,应在 PLC 电源模块及 I/O 模块的电源线上接入噪声滤波器和降低噪声用的隔离变压器等。此外,如果有必要可在变频器一侧采取其他相应的措施。

(3) 安装问题

当把变频器和 PLC 安装于同一控制柜中时,应尽可能使与变频器有关的导线和与 PLC 有关的导线分开。

(4) 连线问题

在连接时应使用屏蔽线或双绞线,以达到提高抗干扰和降低噪声的目的。

6.7　SINE003 系列通用型变频器基本接线及参数设定

SINE003 系列变频器是我国深圳市正弦电气有限公司自主开发的针对各种恒转矩负载机械配套的变频器。

产品特点：各种恒转矩负载机械配套、可靠稳定。

针对造纸、起重机、印刷机、纺织机、电线电缆机械、塑胶机械、化工印染机械、化工搅拌机配套的难点题目量身定做。

自辨识电机参数，最优化控制策略。

自动提升转矩，低频 0.5 Hz 100％额定转矩平稳输出。

自动补偿滑差，调速精度±0.5％。

随机载波调制，电机静音变频运行。

键盘数字编码器，在线修改参数。

故障重试，无人值守系统不中断工作。

典型应用：电线电缆机械。

规格型号：SINE003 系列变频器额定　输入电源：三相交流 380 V。

适用电机功率范围为：0.75～280 kW。最大输出电压与输入电压相同。

6.7.1　SINE003 系列变频器型号及规范

SINE003 系列变频器额定输入电源：三相交流 380 V；

适用电机功率范围为：0.75～280 kW；

最大输出电压与输入电压相同。

SINE003 系列变频器的型号和额定输出电流如表 6 - 4 所示。

表 6 - 4　SINE003 系列变频器型号

额定输入电压	型号	适用电机功率(kW)	额定输出电流(A)
三相交流 380 V	SINE003 - 0R7	0.75	2.5
	SINE003 - 1R5	1.5	4.5
	SINE003 - 2R2	2.2	6.2
	SINE003 - 4R0	4.0	9.6
	SINE003 - 5R5	5.5	13
	SINE003 - 7R5	7.5	17
	SINE003 - 011	11	26
	SINE003 - 015	15	34
	SINE003 - 018	18.5	39
	SINE003 - 022	22	45
	SINE003 - 030	30	60
	SINE003 - 037	37	75
	SINE003 - 045	45	90
	SINE003 - 055	55	110

（续表）

额定输入电压	型号	适用电机功率(kW)	额定输出电流(A)
三相交流 380 V	SINE003 – 075	75	150
	SINE003 – 090	90	180
	SINE003 – 110	110	220
	SINE003 – 132	132	265
	SINE003 – 160	160	310
	SINE003 – 185	185	360
	SINE003 – 200	200	380
	SINE003 – 220	220	420
	SINE003 – 250	250	470
	SINE003 – 280	280	530

6.7.2　SINE003 系列变频器基本功能

1. 闭环 PID 控制

使用 PID 控制功能可实现简单的闭环控制。所谓闭环控制,就是用传感器检测的输出物理量作为反馈,调节变频器的输出频率(电动机转速),使某一物理量与指令目标一致。如:

① 压力控制:将压力传感器的检测值作为反馈量,可控制压力一定。

② 流量控制:将流量传感器的检测值作为反馈量,可控制流量一定。

③ 温度控制:将温度传感器的检测值作为反馈量,可控制温度一定。

闭环 PID 控制的输入方式有:键盘数字编码器、计算机、模拟电压信号、模拟电流信号。

2. 开环 V/F 控制

SINE003 系列通用变频器,主要工作于开环 V/F 控制方式,以下基本功能主要针对开环工作方式设计。

3. V/F 曲线设定

通过设定自动转矩提升、固定转矩提升曲线或任意 V/F 曲线,可以选择多种 V/F 曲线,以适应不同的应用场合。固定转矩提升曲线又分为恒转矩负载(1～10)、油泵负载(11～20)、驱动同步电机(21～30)和风机水泵类负载(31～34)等几种曲线。一般选用出厂值的自动转矩提升。

4. 启动自动追踪

变频器启动运行时,将自动检测电动机的转速,使变频器启动运行输出频率等于电动机的转速,实现电机平滑无冲击启动。启动直流制动时间为零时,自动追踪有效;不为零时,无效。

5. 过压失速

变频器的直流母线过电压,一般是由减速过程回馈能量引起的。减速时,若直流母线电压升高到 690 V,变频器暂停减速,保持输出频率不变,直至直流母线电压降低到 650 V 以下,变频器才会重新开始减速过程。

6. 能耗制动

电动机减速或带势能负载时,因能量回馈,变频器直流母线电压将会升高,此电压称为回升过电压。在保持原减速过程的同时,不使变频器出现过电压保护,可投入回升制动电阻或制动单元以消耗这部分能量。此制动方式称为能耗制动。

6.7.3　SINE003 系列变频器的外部接线

1. 开关启停、旋钮调速

1) 接线:

按图 6-22 所示的电路,连接空气开关、电源,检查接线无误后,合上空气开关,变频器上电,键盘数码管显示 0.0。

关掉电源,电源指示灯熄灭后,再连接电机、起停开关、电位器、频率表(0~10 V 电压表头)等,变频器和电动机接地端子可靠接地,并仔细检查。

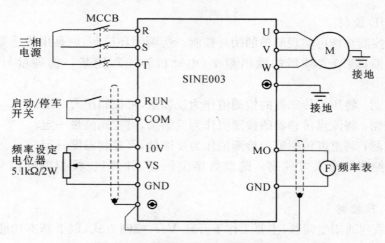

图 6-22　开关启停、旋钮调速接线图

2) 参数设定:

F1.01 出厂值为 0,设定为 1

F1.02 出厂值为 0,设定为 1

按电机铭牌设定电机参数:F1.21、F5.00~F5.04

查看 F1.00 的参数,旋转电位器,数码管显示的参考输入从 0.0~50.0 跟随电位器变化。

3) 运行:

合上起停开关,变频器运行指示灯亮,输出频率从 0.0 Hz 到达电位器设定频率。调节电位器,改变电动机转速。

2. 按钮启停、旋钮调速

1）接线：

按图 6-23 所示的电路,连接空气开关、电源,检查接线无误后,合上空气开关,变频器上电,键盘数码管显示 0.0。

关掉电源,电源指示灯熄灭后,再连接电机、启动按钮、停车按钮、加速按钮、减速按钮、频率表（0～10 V 电压表头）等,启停按钮、加减速按钮都是常开按钮。变频器和电动机接地端子可靠接地,并仔细检查。

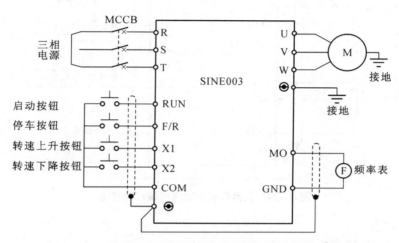

图 6-23　按钮启停、按钮调速接线图

2）参数设定：

F1.01 出厂值为 0,设定为 4

F2.30 出厂值为 0,设定为 2

按电机铭牌设定电机参数：F1.21、F5.00～F5.04

3）运行：

按一下启动按钮,变频器运行指示灯亮,输出频率显示 0.0,按下加速按钮并保持,变频器输出频率上升,电机转速升高;松开加速按钮,变频器输出频率保持不变。按下减速按钮并保持,变频器输出频率下降,电机转速降低;松开减速按钮,变频器输出频率保持不变。按一下停车按钮,变频器停车,运行指示灯灭。

3. 多台电机并联同步运行

1）接线：

按图 6-24 所示的电路,连接空气开关、电磁开关、电源,检查接线无误后,合上空气开关和电磁开关,变频器上电,键盘数码管显示 0.0。

关掉电源,电源指示灯熄灭后,再连接电机、温度继电器、启停开关、正/反转开关、电位器、复位按钮、频率表（0～10 V 电压表头）等,三台电机并联同步运行,变频器和电动机接地端子可靠接地,并仔细检查。

每台电机均按电机容量采用温度继电器 RT 进行过载保护。

变频器功率按三台电机容量之和选取。

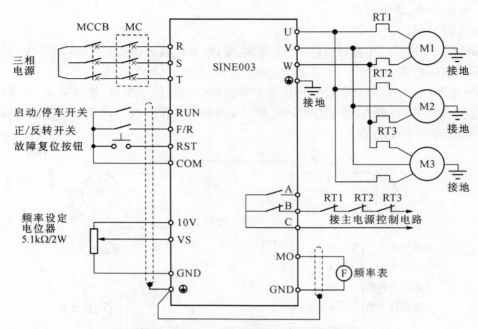

图 6-24　三台电机并联同步运行接线图

2) 参数设定：

变频器上电，数码管显示 0.0

F1.01 出厂值为 0，设定为 1

F1.02 出厂值为 0，设定为 1

按电机铭牌设定电机参数：F1.21、F5.00～F5.04

查看 F1.00 的参数，旋转电位器，数码管显示值从 0.0～50.0 跟随电位器变化。

3) 运行：

合上启停开关，变频器运行指示灯亮，输出频率从 0.0 Hz 到达电位器设定频率，调节电位器，同步改变三台电动机转速。合上正/反转开关，三台电动机同步减速后反转。

4. 多台变频器比例联动

1) 接线：

按图 6-25 所示的电路，连接空气开关、电源，检查接线无误后，合上空气开关，变频器上电，数码管显示 0.0。

关掉电源，电源指示灯熄灭后，再连接电机、启停开关、主调电位器、微调电位器、寸动按钮、频率表(0～10 V 电压表头)等，三台变频器和电机比例联动运行，变频器和电动机接地端子可靠接地，并仔细检查。

2) 参数设定：

假定三台变频器的输出频率比例为 1∶1.5∶2

合上空气开关，变频器上电，数码管显示 0.0

1 号变频器参数设定：

F1.01 出厂值为 0，设定为 1，端子开关启停

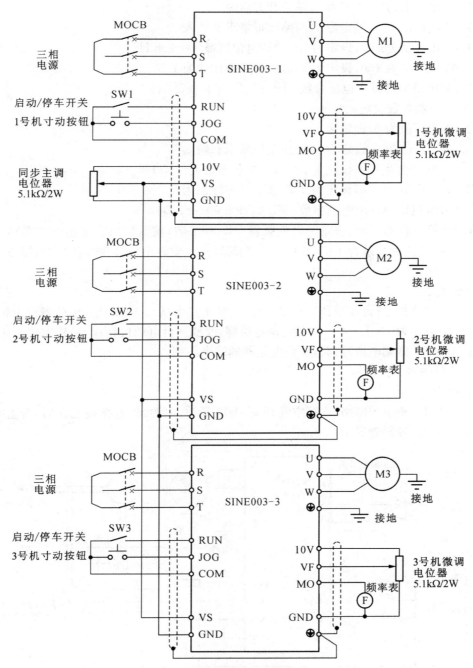

图 6 - 25　三台变频器比例联动运行接线图

F1.02 出厂值为 0,设定为 4,两路模拟量求和输入

F1.04 出厂值为 100,设定为 10,微调电位器最大±5 Hz

F1.05 出厂值为 100,保持不变,输出频率比例为 1

按 1 号电机铭牌设定电机参数: F1.21、F5.00~F5.04

2 号变频器参数设定:

F1.01 出厂值为 0,设定为 1,端子开关启停

F1.02 出厂值为 0,设定为 4,两路模拟量求和输入

F1.04 出厂值为 100,设定为 15,微调电位器最大±7.5 Hz

F1.05 出厂值为 100,设定为 150,输出频率比例为 1.5

按 2 号电机铭牌设定电机参数:F1.21、F5.00~F5.04

3 号变频器参数设定:

F1.01 出厂值为 0,设定为 1

F1.02 出厂值为 0,设定为 4,两路模拟量求和输入

F1.04 出厂值为 100,设定为 20,微调电位器最大±10 Hz

F1.05 出厂值为 100,设定为 200,输出频率比例为 2

按 3 号电机铭牌设定电机参数:F1.21、F5.00~F5.04

旋转主调电位器,分别查看三台变频器 F1.00 参数,键盘数码管显示的参考输入跟随电位器变化,且比例关系为 1:1.5:2。分别旋转三个微调电位器,相应的变频器参考输入有微小的变化。

3) 运行:

合上启停开关,三台变频器运行指示灯亮,输出频率从 0.0 Hz 到达电位器设定频率,输出频率比例关系为 1:1.5:2,调节主调电位器,改变三台电动机转速,且转速按比例联动。可以分别用三个微调电位器调整三台变频器的输出频率。

5. 恒压供水

1) 接线:

按图 6-26 所示的电路,连接空气开关、漏电开关、电源,检查接线无误后,合上空气开关,变频器上电,数码管显示 0.0。

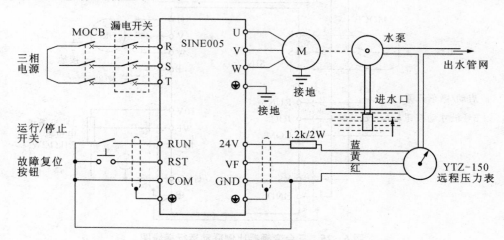

图 6-26 恒压供水接线图

关掉电源,电源指示灯熄灭后,再连接电机、启停开关、远程压力表、限流电阻等,变频器和电动机接地端子可靠接地,并仔细检查。

压力表选用 YTZ-150 电位器式远程压力表,安装在水泵的出水管上,该压力表适用于一般压力表适用的工作环境场所,既可直观测出压力值,又可以输出相应的电信号,输出的

电信号传至远端的控制器。压力表有红、黄、蓝三根引出线。

2）压力表电气技术参数：

电阻满量程：400 Ω（蓝、红）

零压力起始电阻值：≤20 Ω（黄、红）

满量程压力上限电阻值：≤360 Ω（黄、红）

接线端外加电压：≤6 V（蓝、红）

3）开环调试：

检查接线无误后，合上空气开关和漏电开关，变频器上电，数码管显示 0.0。按 JOG 键，检查水泵的转向，若反向，改变电机相序。

按运行键 RUN，运行指示灯亮（绿色），顺时针方向旋转键盘旋钮，输出频率上升，观察压力表的压力指示，同时用万用表直流电压档测量变频器端子 VF 和 GND 之间电压值。随着变频器输出频率升高，压力增加，VF 和 GND 之间的反馈电压上升，记录下将要设定的恒定压力（比如 5 公斤）对应的反馈电压值（比如 3.1 V）。按停车键 STOP，变频器减速停车。

4）参数设定：

F1.01 出厂值为 0.0，设定为 1

F1.23 出厂值为 0，设定为 30.0

F2.05 出厂值为 0，设定为 1

F2.19 出厂值为 0，设定为 1

F4.00 出厂值为 0，设定为 1

F4.06 出厂值为 0，设定为 3.10

按电机铭牌设定电机参数：F1.21、F5.00～F5.04

5）闭环变频恒压运行：

合上起停开关，变频器运行指示灯亮，输出频率从 0.0 Hz 到达 30.0 Hz 后，根据用水情况自动调节，保证出水口的压力恒定为 5KG。增大 F4.06 的参数设定值，出水口的压力增加，减小 F4.06 的参数设定值，出水口的压力降低。

6．双变频细拉丝机

1）接线：

按图 6-27 所示的电路，连接空气开关、电源，检查接线无误后，合上空气开关，变频器上电，数码管显示 0.0。

关掉电源，电源指示灯熄灭后，再连接电机、启动/停车开关、寸动按钮、紧急停车开关、故障复位按钮、主机频率设定电位器、中间继电器、张力检测电位器、制动电阻等，变频器和电动机接地端子可靠接地，并仔细检查。

2）主机参数设定：

主机是 SINE003 系列 15 kW 通用变频器，检查接线无误后，合上空气开关，主机变频器上电，数码管显示 0.0，按表 6-5 设定主机参数。

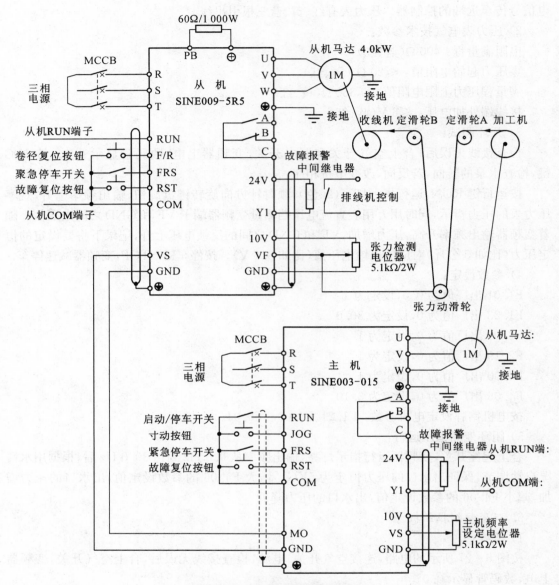

图6-27　双变频细拉丝机接线图

表6-5　SINE003变频器主机设定参数

功能代码	功能名称	出厂值	设定
F1.01	启动停车方式	0	1
F1.02	输入方式选择	0	1
F1.06	加速时间1	15.0	50.0
F1.07	减速时间1	15.0	50.0
F1.08	加速时间2(寸动)	15.0	6.0
F1.09	加速时间2(寸动)	15.0	6.0

（续表）

功能代码	功能名称	出厂值	设定
F1.20	最大频率	50.0	70.0
F1.22	上限频率	50.0	70.0
F1.25	多段速度 2(寸动)	10.0	5.0
F2.05	反转禁止	0	1
F2.24	M0 输出倍率(收、发频率同步)	100.0	110.0
F2.27	输出频率水平 FDT(从机启停)	30.0	2.0
F1.21	电机额定频率	50.0	50.0
F5.00	电机额定功率	15.0	15.0
F5.01	电机额定电压	380	380
F5.02	电机额定电流	30.3	30.3
F5.03	电机额定转速	1 460	1 460
F5.04	电机连接方法	1	1

查看 F1.00 的参数，旋转主机频率设定电位器，数码管显示值从 0.0～70.0 跟随电位器变化。

3）从机参数设定：

从机是 SINE009 系列 5.5 kW 拉丝机专用变频器，按表 6-6 设定从机参数。

表 6-6　SINE009 变频器设定参数

功能代码	功能名称	出厂值	设定
F1.01	启动停车方式	0	1
F1.04	模拟输入增益 K1	100.0	90.0
F1.05	模拟输入增益 K2	100.0	30.0
F1.06	加速时间 1	15.0	2.0
F1.07	减速时间 1	15.0	2.0
F1.12	加速时间 4	15.0	150.0
F1.13	减速时间 4	15.0	150.0
F1.20	最大频率	50.0	72.0
F1.22	上限频率	50.0	72.0
F2.05	反转禁止	0	1
F2.16	停车直流制动频率	1.0	2.0
F2.17	停车直流制动电压	2.0	5.0
F2.18	停车直流制动时间	0.0	10.0
F2.27	输出频率水平 FDT(排线机动作频率)	30.0	2.0

（续表）

功能代码	功能名称	出厂值	设定
F3.16	卷径加速计算范围 4	350	350＝3.5 V
F3.17	卷径加速计算范围 3	300	300＝3.0 V
F3.18	卷径加速计算范围 2	250	250＝2.5 V
F3.19	卷径加速计算范围 1	200	200＝2.0 V
F3.20	卷径计算死区范围	50	50＝0.5 V
F3.21	卷径计算时间间隔	300	300＝0.3 s
F3.22	平滑启动时间	12 000	12 000＝12 s
F3.23	积分范围正/反作用	0	1
F3.24	平滑启动时 PID/PD 选择	0	1
F3.25	大、中拉机/细、微拉机	0	1
F3.30	VS 滤波时间	0.1	0.3
F4.00	PID 闭环模式	0	3
F4.04	反馈滤波时间	2.00	0.05
F4.06	键盘/计算机 PID 给定	0.00	5.00
F4.07	比例增益 P	0.40	0.25
F4.08	积分时间常数 T_i	10.0	0.0
F4.09	微分时间常数 T_d	0.00	0.00
F4.10	积分作用范围	100	15
F1.21	电机额定频率	50.0	50.0
F5.00	电机额定功率	5.5	4.0
F5.01	电机额定电压	380	380
F5.02	电机额定电流	11.6	8.8
F5.03	电机额定转速	1 440	1 440
F5.04	电机连接方法	1	1

4）运行：

参数设定完毕，寸动方式运行，加工机穿线。

穿线结束，合上启停开关，变频器运行指示灯亮，调节主机频率设定电位器，输出频率从0.0 Hz逐步升高，从机不断跟踪主机的输出线速度，使张力平衡杆处于零位，保证收线张力。

习题 6

1. 输入侧安装交流接触器的必要性有哪些?
2. 为什么要在变频器输入侧加装交流电抗器?
3. 在变频器与 PLC 相连接时应该注意哪些方面的问题?
4. 多台电机并联同步运行如何进行变频器参数设定?
5. 多台变频器比例联动如何进行变频器参数设定?

第 7 章　变频器系统的选择与操作

学习目标

1. 正确选择变频器。
2. 掌握变频器的安装工艺。
3. 了解变频器的抗干扰技术。
4. 掌握变频调速系统调试方法与日常维护。

7.1　变频器的选择

7.1.1　变频器额定值

变频器的额定值大多标在其铭牌上,包括输入侧的额定值及输出侧的额定值。

1. 输入侧额定值

输入侧的额定值主要是电压和相数。中小容量变频器输入电压的额定值有以下几种(均为线电压):

① 380 V/50 Hz、三相,用于绝大多数设备中。

② 200～230 V/50 Hz 或 60 Hz、三相,主要用于某些进口设备中。

③ 200～230 V/50 Hz、单相,主要用于小容量设备和家用电器中。

2. 输出侧额定值

(1) 输出电压额定值 U_{CN}

由于变频器在改变输出频率的同时也要改变输出电压,因此,变频器输出电压的额定值 U_{CN}。就是输出电压中的最大值,即变频器输出频率等于电动机额定频率时的输出电压值。

(2) 输出电流额定值 I_{CN}

输出电流额定值 I_{CN} 是指变频器允许长时间输出的最大电流值。这是用户选用变频器的主要依据之一。这个指标反映了变频器电力半导体器件的过载能力。

(3) 输出容量 S_{CN}

变频器输出容量由下式计算

$$S_{CN} = \sqrt{3} U_{CN} I_{CN} \qquad\qquad (7-1)$$

式中：S_{CN}——变频器输出视在功率，单位 kV·A。

（4）适用电动机功率 P_N(kW)

适用电动机功率是指以 4 极的标准电动机为对象，表示在额定输出电流以内可以驱动的电动机功率。

（5）过载能力

过载能力是指其输出电流超过额定电流的允许范围和时间。大多数变频器都规定为 $150\%\ I_N$、60 s 或 $180\%\ I_N$、0.5 s。专门用于风机、泵类负载调速的变频器规定为 $120\%\ I_N$、60 s。

7.1.2　变频器连续运行时所需容量的计算

1. 依据电动机功率选择变频器

2、4 极标准电动机功率是在额定电流以内可以驱动的电动机功率。值得注意的是，6 极以上的电动机或特种电动机，其额定电流要比标准电动机大些。因此，不适用根据标准电动机功率选择变频器容量的原则。用标准的 2、4 极电动机组成的拖动系统，若拖动的是连续恒定负载，可根据适用的电动机功率选择变频器。对于 6 极以上或多速电动机所拖动的负载、变动负载、断续负载等，应按运行过程中可能出现的最大电流来选择变频器。

2. 变频器容量计算

采用变频器驱动异步电动机调速时，在电动机确定后，通常要根据电动机的额定电流来计算选择变频器，或者根据电动机实际运行过程中的电流最大值来选择变频器。

由于变频器传给电动机的是脉冲电流，其脉动值比工频供电时电流要大，因此须将变频器的容量留有适当的余量。此时，变频器应同时满足以下三个条件

$$P_{CN} \geqslant \frac{KP_M}{\eta \cos\varphi}(\text{KVA}) \tag{7-2}$$

$$I_{CN} \geqslant KI_M(\text{A}) \tag{7-3}$$

$$P_{CN} \geqslant K\sqrt{3}U_M I_M \times 10^{-3}(\text{KVA}) \tag{7-4}$$

式中：P_M、η、$\cos\varphi$、U_M、I_M 分别为电动机输出功率、效率（取 0.85）、功率因数（取 0.75）、电压(V)、电流(A)。

　　K：电流波形的修正系数（PWM 方式取 1.05～1.1）

　　P_{CN}：变频器的额定容量(KVA)

　　I_{CN}：变频器的额定电流(A)

式中 I_M 如按电动机实际运行中的最大电流来选择变频器时，变频器的容量可以适当缩小。

7.1.3　频繁升、降速运行时变频器容量的选择

电动机输出转矩是由变频器的最大输出电流决定的。通常情况下，对于短时间升、降速而言，变频器允许电流输出能达到额定电流的 130%～150%（视变频器容量而定）。因此，在短时间内，升、降速时转矩也可以增大。如果只需要较小的升、降速转矩，则可以降低选择变

频器容量。由于电流脉动的原因,此时应将变频器的最大输出电流降低 10% 后再进行选定。

7.1.4 电动机直接起动变频器容量计算

通常,三相异步电动机直接用于工频起动时,其电流为额定电流的 5~7 倍。对于 10 kW 以下的电动机直接起动时,可按下式计算变频器的额定输出电流

$$I_{INV} \geqslant \frac{I_K}{K_g} \qquad\qquad (7-5)$$

式中:I_K——在额定电压和额定频率下电动机起动时的堵转电流,单位 A;

$\quad$ K_g——变频器允许的过载倍数,取 130%~150%。

在系统运行中,如果电动机电流无规律变化,此时不易获得运行特性曲线。在这种情况下,可将电动机输出最大转矩的电流限制在变频器的额定电流内选择变频器。

7.1.5 不同负载变频器的选择

在生产实践中,往往根据负载的性质和轻重来选择不同类别与容量的变频器。

1. 过载容量的选择

变频器过载容量为 125%、60 s 或 150%、60 s,超过此数值时,必须增大变频器的容量。当为 200% 的过载容量时,必须按 $I_{INV} \geqslant (1.05 \sim 1.1) I_N$ 计算出额定电流,再乘 1.33 倍来选取变频器容量。

2. 对恒转矩负载变频器的选择

对于恒转矩负载,在选择变频器时应考虑以下几个因素:

(1) 调速范围

在调速范围不大,对机械特性硬度要求不高的场合,可选用只有 V/F 控制方式或无反馈矢量控制方式的变频器。

(2) 负载波动

对于转矩波动较大的负载,应考虑采用矢量控制方式的变频器。如果负载要求具有较高的动态响应,则应选用有反馈的矢量控制变频器。

3. 对恒功率负载变频器的选择

对于恒功率负载,选用具有 V/F 控制方式的变频器即可。但对于精度要求较高的卷曲机械来说,则必须采用具有矢量控制功能的变频器。

4. 对二次方律负载变频器的选择

大部分变频器的制造厂商都生产风机、水泵专用变频器,其主要特点是:

① 风机和水泵一般不容易过载,所以,这类变频器的过载能力较低,其过载能力为 120%/min(通用变频器为 150%/min)。由于二次方律负载的转矩与转速的平方成正比,当工作频率高于额定频率时,负载转矩将大大超过电动机额定转矩而使变频器过载。因此,在进行功能设置时必须注意,最高工作频率不得超过额定频率。

② 具有"1"控"X"控制的切换功能。

③ 变频器的软件中设置一些专用控制功能,如"睡眠"与"唤醒"功能、PID 调节功能等。

7.1.6　一台变频器传动多台电动机,且多台电动机并联运行,即成组传动

用一台变频器使多台电机并联运转时,对于一小部分电机开始启动后,再追加投入其他电机启动的场合,此时变频器的电压、频率已经上升,追加投入的电机将产生大的起动电流,因此,变频器容量与时启动时相比需要大些。以变频器短时过载能力为 150%,1 min 为例计算变频器的容量,此时若电机加速时间在 1 min 内,则应满足以下两式,

$$P_{CN} \geqslant \frac{2}{3} P_{CN1} \left[1 + \frac{n_S}{n_T}(K_S - 1) \right] \tag{7-6}$$

$$I_{CN} \geqslant \frac{2}{3} n_T I_M \left[1 + \frac{n_S}{n_T}(K_S - 1) \right] \tag{7-7}$$

若电机加速在 1 min 以上时,式中:

$$P_{CN} \geqslant P_{CN1} \left[1 + \frac{n_S}{n_T}(K_S - 1) \right] \tag{7-8}$$

$$I_{CN} \geqslant n_T I_M \left[1 + \frac{n_S}{n_T}(K_S - 1) \right] \tag{7-9}$$

n_T:并联电机的台数

n_s:同时起动的台数

P_{CN1}:连续容量(KVA) $P_{CN1} = KP_{Mn}T/\eta\cos\varphi$

P_M:电动机输出功率

η:电动机的效率(约取 0.85)

$\cos\varphi$:电动机的功率因数(常取 0.75)

K_s:电机起动电流/电机额定电流

I_M:电机额定电流

K:电流波形正系数(PWM 方式取 1.05~1.10)

P_{CN}:变频器容量(KVA)

I_{CN}:变频器额定电流(A)

变频器驱动多台电动机,但其中可能有一台电动机随时挂接到变频器或随时退出运行。此时变频器的额定输出电流可按下式计算:

$$I_{CN} \geqslant K \sum_{i=1}^{J} I_{MN} + 0.9 I_{MQ} \tag{7-10}$$

式中:I_{CN}:变频器额定输出电流(A)

I_{MN}:电动机额定输入电流(A)

I_{MQ}:最大一台电动机的起动电流(A)

K:安全系数,一般取 1.05~1.10

J:余下的电动机台数

7.1.7 高压变频器的选型注意事项

1. 选择过高电压等级的弊端

选择过高的电压等级造成投资过高,回收期长。电压等级的提高,电机的绝缘必须提高,使电机价格增加。电压等级的提高,使变频器中电力半导体器件的串联数量加大,成本上升。

可见,对于 200～2 000 kW 的电机系统采用 6 kV、10 kV 电压等级是极不经济、很不合理的。

2. 变频器容量与整流装置相数关系

变频器装置投入 6 kV 电网必须符合国家有关谐波抑制的规定。这和电网容量和装置的额定功率有关。

短路容量在 1 000 MVA 以内,1 000 kW 装置 12 相(变压器副边双绕组)即可,如果 24 相功率就可达 2 000 kW,12 相基本上消除了幅值较大的 5 次和 7 次谐波。

整流相数超过 36 相后,谐波电流幅值降低不显著,而制造成本过高。如果电网短路容量 2 000 MVA,则装置容许容量更大。

3. 把最高电压降到 3 kV 以下可节约大量投资

从电力电子器件特性及安全系数考虑电压等级的必要性,受电力电子器件电压及电机允许的 dv/dt 限制,6 kV 变频器必须采用多电平或多器件串联,造成线路复杂,价格昂贵,可靠性差。对于 6 kV 变频器若是用 1 700 V IGBT,以美国罗宾康的 PERFECTHARMONY 系列 6 kV 高压变频器为例,每相由 5 个额定电压为 690 V 的功率单元串联,三相共 60 只器件。若是用 3 300 V 器件,也需 3 串共 30 只器件,数量巨大。另一方面装置电流小,器件的电流能力得不到充分利用,以 560 kW 为例,6 kV 电机电流仅 60 A 左右,而 1 700 V 的 IGBT 电流已达 2 400 A,3 300 V 器件电流达 1 600 A,有大器件不能用,偏要用大量小器件串联,极不合理。即使电机功率达 2 000 kW,电流也只有 140 A 左右,仍很小。

国外的中压变频器有多个电压等级:1.1 kV,2.3 kV,3 kV,4.2 kV,6 kV,它们主要由电力电子器件的电压等级所确定。

输出同样功率的变频器,使用较高电压或较多单元串联所花的代价大于用较低电压、较少数量而电流较大单元的代价,也就是说在器件电流允许条件下应尽可能选用低的电压等级。

4. 隔离变压器问题

为了隔离、改善输入电流及减小谐波,现在所有的中压"直接变频"器都不是真正的直接变频,其输入侧都装有输入变压器,这种配置短时间内不会改变。既然输入侧有变压器,变频器和电机的电压就没有必要和电网一样,非用 10 kV 和 6 kV 不可,功率 2 500 kW 以下电压可以不超过 3 kV,因此就有了变频器和电机的合理电压等级问题。

200～800 kW 以下的变频调速宜选用 380 V 或 660 V 电压等级。它线路简单,技术成熟,可靠性高,du/dt 小,价格便宜。仍以 560 kW 电机为例,630 kW 660 V 的低压变频器约 35 万,而同容量 6 000 V 中压变频器约 90 万。实现的方法有低—低,低—高,高—低和高—低—高等几种形式。由于电机,变压器的价格远低于变频器,即使更换电机、变压器也合理。

5. 如何配套

自建国以来传统的 6 kV 高压电机是已投产的主要产品,为了推广 3.5 kV 变频器不可能再花钱更换电机,作者提出一个简便方案,以供参考。

制造厂原有 6 kV 电机一般均为星形接线,其相绕组承受实际电压为 3 468 V,故只要将绕组改接成三角形其他不变。配 3.5 kV 变频器就把变频器电压从 6 kV 下降到 3.5 kV,4.5 kV 器件不串联就可承受 3 kV 耐压。如果用 1.7 kV 器件 3 串即可。制造成本将下降 30%。而我国目前 30 MW 机组最大电机 2 500 kW 采用 3.5 kV 电压完全合理。

6. 对电网谐波污染的防治措施

从实用角度整流桥组成 12 相整流可消除 5、7 次谐波,已基本满足电网谐波要求。因此 400~800 kW 采用 12 相整流即可,1 000~2 500 kW 采用 24 相也可以符合要求。

7.2　变频器的安装

变频器是精密电子设备,与其他电子设备一样对周边环境有一定的要求。为使变频器能够安全、稳定地工作和发挥效能,必须严格按照 IEC 标准所规定的安装规范实施安装。

7.2.1　变频器安装对周围环境的要求

1. 环境温度和湿度

变频器一般适宜在−10 ℃~40 ℃环境中工作。对于单元型变频器装入控制柜内使用时,考虑到柜内 10 ℃的预测温升,则上限温度定为 50 ℃,环境温度的下限是−10 ℃,以不冻结为前提。在环境温度高于 40 ℃时,每升高 1 ℃,变频器应降额 5% 使用。变频器安装环境的相对湿度不允许超过 90%。要注意防止水或水蒸气的直接侵入,以免引起漏电、打火、击穿。周围环境湿度越高,电气绝缘程度越低,金属部分越容易腐蚀。因此,要尽量安装在相对湿度适宜的场合。

2. 安装环境的要求

变频器属于电子器件装置,对安装环境要求比较严格,在其说明书中有详细安装使用环境的要求。在特殊情况下,若确实无法满足这些要求,必须尽量采用相应抑制措施:振动是对电子器件造成机械损伤的主要原因,对于振动冲击较大的场合,应采用橡胶等避振措施;潮湿、腐蚀性气体及尘埃等将造成电子器件锈蚀、接触不良、绝缘降低而形成短路,作为防范措施,应对控制板进行防腐防尘处理,并采用封闭式结构;温度是影响电子器件寿命及可靠性的重要因素,特别是半导体器件,应根据装置要求的环境条件安装空调或避免日光直射。

除上述几点外,定期检查变频器的空气滤清器及冷却风扇也是非常必要的。对于特殊的高寒场合,为防止微处理器因温度过低不能正常工作,应采取设置空气加热器等必要措施。

3. 变频器的安装空间与通风

变频器具有很好的外壳,一般情况下可以直接靠墙安装,称为壁挂式安装。因为变频器在运行过程中会发热,所以变频器内部都装有冷却风扇进行强制冷却。为了使冷却循环效果良好,通常要求将变频器垂直安装。其四周与相邻物体间必须留有足够的空间。如图7-1所示,上下留空大于 150 mm,左右留空大于 100 mm。如图 7-2 所示,多台变频器安装在同一装置或控制柜里时,为减少相互散热影响,应尽量横向并列安装。必须上下安装时,为了使下面的变频器散出的热量不至影响上面的变频器,应设置横隔板。在控制柜顶部安装有排风机的,排风量必须大于各变频器排风量的总和。

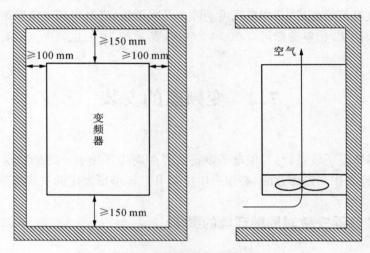

图 7-1　变频器的安装空间

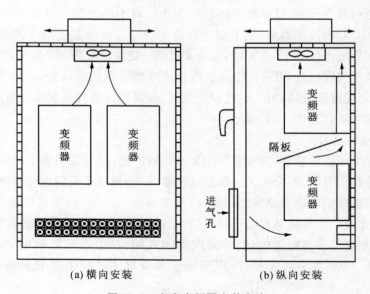

(a) 横向安装　　　　　　(b) 纵向安装

图 7-2　多台变频器安装方法

7.2.2 变频器的安装工艺

1. 变频器盖板的拆卸

在安装前,需要对变频器进行测试、检查和接线等,要根据不同变频器外壳包装的特点,对其盖板进行拆卸。再根据它们的特点进行安装。

2. 变频器的接线

① 反复检查接线是否有误。

② 要严格防止导线的线屑,尤其是金属屑、短断头及螺杆、螺母掉落在变频器内部。

③ 检查螺杆是否拧紧,导线是否松动。

④ 检查端子接线的裸露部分是否与别的端子带电部分相碰,是否触及了变频器外壳。

3. 控制回路接线的注意事项

① 控制回路与主回路的接线及其他动力线、电力线应分开走线,并保持一定距离。

② 变频器控制回路中的继电器触点端子引线,与其他控制回路端子的连线要分开走线,以免触点闭合或断开时产生干扰信号。

③ 为了防止噪声等信号引起的干扰,使变频器产生误动作,控制回路应该采用屏蔽线或双绞线。

7.2.3 变频器使用注意事项

1. 环境注意事项

变频器的工作温度一般要求在 0 ℃～50 ℃。为了保证工作安全可靠,使用时应考虑留有裕度,最好控制在 40 ℃以下。安装时,不允许把发热元件或电器紧靠变频器的底部安装,应适当留有距离。

2. 电气环节注意事项

① 防止电磁干扰。

② 防止输入端过电压。

③ 参数设置注意事项:在使用变频器之前,将变频器输出电压设为 380 V,基本频率设为 50 Hz。

3. 接线过程注意事项

在安装、测试、维修过程中,常需要端子接线。切记不要将电源线接到变频器的输出端子上,也不要将变频器输出端子排上的 N 端子误认为是电源中性线端子。控制回路接线应与主回路接线尽量远离。

4. 变频器的接地和防雷

变频器的正确接地是提高控制系统灵敏度、抑制噪声的重要手段。变频器接地端子 E(G)的接地电阻越小越好,接地导线截面积应不小于 25 mm²,长度应控制在 20 m。多台变频器在一个控制柜中时,应将所有变频器共同接地,不允许将一台设备的接地与另一台设备的接地相连后,再接在变频器的接地端子上。

变频器设有雷电吸收网络。在实际工程中,特别是在电源线架空引入的情况下,单靠变频器的雷电吸收网络是不能满足要求的。在雷电活跃地区,如果电源是架空进线,在进线处应装设变频专用避雷器(选件),或按规范要求在离变频器20 m远处预埋钢管做专用接地保护。如果电源是电缆引入,则应做好控制室的防雷系统,以防雷电窜入而破坏设备。

7.3　变频器的抗干扰

在各种工业控制系统中,随着变频器等电力电子装置的广泛使用,系统的电磁干扰日益严重。相应的抗干扰技术(即电磁兼容)已经变得越来越重要。变频器系统的干扰有时能直接造成系统硬件损坏。有时虽不能损坏系统硬件,但常使微处理器系统程序运行失控,导致控制失灵,从而造成设备和生产事故。因此,如何提高系统的抗干扰能力和可靠性是自动化装置研制和应用中不可忽视的重要内容,也是计算机控制技术应用和推广的关键技术之一。对变频器抗干扰问题,首先要了解干扰的来源、传播方式,然后再针对这些干扰采取相应的抗干扰措施。

7.3.1　变频器干扰的来源

1. 电网谐波干扰

电网中存在大量谐波源,如各种整流设备、交直流互换设备、电子调压设备以及各种非线性负载设备等,会使电网中的电压、电流产生严重波形畸变,产生大量高次谐波电流。这些高次谐波电流除了增加输入侧的无功功率外,频率较低的谐波电流还会降低变频器的功率因数;频率较高的谐波电流还将以各种方式向外传播能量,从而对电网中其他设备产生干扰危害。这些干扰若不予以处理,就会使某些设备无法正常工作。

2. 晶闸管换流设备对变频器的干扰

当供电网络内有容量较大的晶闸管换流设备时,由于晶闸管总是在每相半周期内的部分时间内导通,所阻容易使网络电压出现凹口,波形严重失真。它使变频器输入侧的整流电路有可能因出现较大的反向回复电压而受到损害,从而导致变频器输入回路击穿而烧毁。

3. 电力补偿电容对变频器的干扰

变电所是采用电容补偿的方法来提高功率因数的,在补偿电容投入或切出的动态过程中,网络电压有可能出现很高的峰值,其结果可能使变频器的整流二极管因承受过高的反向电压而击穿。

4. 变频器自身对外部的干扰

变频器能产生功率较大的高次谐波成分,对系统内其他设备干扰较强。变频器的整流桥对电网来说是非线性负载,它所产生的谐波对同一电网中的其他电子电气设备产生谐波干扰。另外,变频器的逆变器采用PWM技术,工作时其输出含有丰富的谐波成分,因此变频器对系统内其他电子电气设备来说是电磁干扰源。在变频器输入和输出电流中,除了能构成电源无功损耗的较低次谐波电流外,还有许多频率很高的谐波成分。它也将以各种方式把自己的能量向外传播,形成对变频器本身及其他设备的干扰信号。

7.3.2　干扰信号的传播方式

变频器干扰信号传播的途径与一般电磁干扰的传播途径是相同的,主要分为电路传导和感应耦合两种方式传播。首先对周围的电子电气设备产生电磁辐射,其次对直接驱动的电动机产生电磁噪声,使得电动机铁耗和铜耗增加,并干扰到交流电源,通过配电网络传递给系统其他设备。变频器还能够对相邻的其他设备及电路产生感应耦合,感应出干扰电压或电流。同样,系统内的干扰信号通过相同的途径也会干扰变频器的正常工作。

1. 电路传导方式

电路传导方式是通过电源网络进行传播。这是变频器输入电流干扰信号的主要传播方式。由于输入电流为非正弦波,对于较大容量的变频器,会使网络电压产生严重畸变而影响其他设备工作。

变频器输出侧干扰信号主要是以漏电流形式传播。由于输出线路与大地或地线之间存在着分布电容,变频器输出的高频谐波电流通过分布电容向外传播。而且这个电流比较大,影响到其他设备的正常运行。

2. 感应耦合方式

当变频器的输入电路或输出电路与其他设备的电路距离很近时,变频器的高次谐波信号将通过感应的方式耦合到其他设备中去。这种干扰方式称为感应耦合方式。当干扰源的频率较低时,干扰的电磁波辐射能力相当有限,此时的电磁干扰能量通过变频器输入与输出导线以及其相邻的导线或导体产生感应耦合,在邻近导线或导体内感应出干扰电流或电压。感应耦合可以由导体间的电容耦合形式出现,也可以由电感耦合形式或电容、电感混合耦合形式出现。这与干扰源的频率以及与相邻导体间距离等因素有关。其感应的方式又有以下三种:

(1) 电磁感应方式

这是电流干扰信号的主要方式。由于变频器输入和输出电流中的高频谐波成分产生磁场,这个磁场的磁感应线穿过其他设备的控制线路,从而产生感应电流,并将迭加到控制回路中可能使设备发生误动作,干扰设备的正常运行。

(2) 静电感应方式

这是电压干扰信号的主要方式,是变频器的输出电压中的高频谐波成分通过线路的分布电容而传播给控制电路的干扰信号。

(3) 空中辐射方式

在变频器输出的高频谐波成分中,频率较高的分量是以电磁波方式向空中辐射的。从而对其他设备形成干扰,对无线电设备的干扰更为严重。

7.3.3　变频调速系统抗干扰对策

解决变频调速系统的干扰问题,一般从抗和防两方面入手抑制干扰。其总原则是抑制和消除干扰源、切断干扰对系统的耦合、降低系统干扰信号的敏感性。在工程实践中具体措施如下:

1. 合理布线

合理布线在相当程度上可削弱干扰信号的强度,因此,合理布线应该注意以下几个问题:

① 相关资料表明,干扰信号的强度与被干扰控制线路和干扰源之间的距离的平方成反比。所以,各种设备的控制线路应远离变频器输入、输出电路。

② 两条控制线应相绞使用,这是因为在两条相邻的绞线中,通过电磁感应产生的电动势极性总是相反的,这样较好地抑制了电磁感应干扰。

③ 控制线与变频器输入、输出线应该尽量交叉排列,最好是垂直交叉。这是因为控制线与变频器输入、输出线越是平行,电磁感应和静电感应越严重,干扰信号也越强。

2. 干扰的隔离

在电路中,把干扰源和易受干扰部分隔离开来,使它们不发生电的联系。在变频调速传动系统中,通常是在电源和放大器之间的线路上采用隔离变压器以避免传导干扰。电源隔离变压器应采用噪声隔离变压器。

3. 设置噪声滤波器

在系统线路中设置噪声滤波器,将噪声滤波器串联在变频器的输入、输出电路中,如图 7-3 所示。

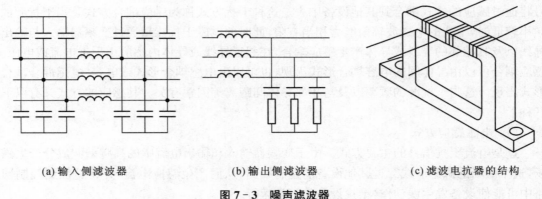

(a) 输入侧滤波器　　　　　　(b) 输出侧滤波器　　　　　　(c) 滤波电抗器的结构

图 7-3　噪声滤波器

噪声滤波器的主要作用是抑制具有辐射能力且频率较高的谐波电流。这些谐波电流以各种形式把自己的能量传播出去,形成对其他设备的干扰信号。滤波器是用于削弱频率较高谐波电流的主要手段。在变频器输出侧设置输出滤波器是为减小变频器对电源的干扰。在变频器输入侧设置输入滤波器是为了抑制变频器对其他设备的干扰。若线路中有敏感电子设备,可在电源线上设置滤波器以避免传导干扰。

在变频器的输入和输出电路中,根据使用位置的不同,滤波器可分为:

(1) 输入侧滤波器

如图 7-3(a)所示,输入侧滤波器主要由电容和电感线圈构成,它通过增大电路在高频下的阻抗来削弱频率较高的谐波电流。

(2) 输出侧滤波器

如图 7-3(b)和图 7-3(c)所示,输出侧滤波器也由电容和电感线圈构成,它可以有效地削弱变频器输出电流中的高次谐波成分。非但起到抗干扰的作用,且能削弱电动机中由高次谐波电流引起的附加转矩。

值得注意的是,电容器端只能接在电动机一侧,并应串入电阻,以防止逆变管因电容的充放电而受到冲击。

4. 屏蔽干扰源

屏蔽干扰源是抑制干扰的最有效方法。通常变频器本身用铁壳屏蔽,不让其电磁干扰泄漏。输出线最好用钢管屏蔽,特别是以外部操作模式控制变频器时,要求信号线尽可能短(一般为 20 m 以内),且信号线采用双芯屏蔽,并与主电路线(AC 380 V)及控制线(AC 220 V)完全分离,绝不能放于同一配管或线槽内。周围电子敏感设备线路也要求屏蔽。为使屏蔽有效,屏蔽罩必须可靠接地。

5. 采用电抗器

交流和直流电抗器除具有提高功率因数功能之外,同时也可非常有效地抑制输入电路中的高次谐波电流对其他设备的干扰。

6. 接地

实践证明,接地往往是抑制噪声和防止干扰的重要手段。良好的接地方式可在很大程度上抑制内部噪声的耦合,防止外部干扰的侵入,提高系统的抗干扰能力。变频器的接地方式有多点接地、一点接地及经母线接地等几种形式。要根据具体情况选用,注意不要因为接地不良而对设备产生干扰。

接地形式有以下几种:

① 单点接地是指在一个电路或装置中,只有一个物理点定义为接地点。在低频下的性能较好。

② 多点接地是指装置中的各个接地点都直接接到距它最近的接地点。在高频下的性能较好。

③ 混合接地是根据信号频率和接地线长度,系统地采用单点接地和多点接地混用的方式。

④ 变频器本身有专用接地端子 PE,从安全和降低噪声需要出发,必须可靠接地。既不能将地线接在电气设备的外壳上,也不能接在零线上。可用较粗的短线一端接到接地端子 PE,另一端与接地极相连,接地电阻取值小于 100 Ω。

7.3.4　高压变频器抗干扰的常用措施

高压变频器抗干扰的常用措施:

(1) 高压变频器的 E 端要与控制柜及电机的外壳相连,要接保安地,接地电阻应小于 100 Ω,可吸收突波干扰。

(2) 高压变频器的输入或输出端加装电感式磁环滤波器。平行并绕 3~4 圈,有助于抑制高次谐波(此方法简单易行,价格低廉)。

(3) 上述磁环滤波器还可根据现场情况加绕在高压变频器控制信号端或模拟信号给定端的进线上。

(4) 装有高压变频器的电控柜中,动力线和信号线应分开穿管走线,金属软管应接地良好。

（5）模拟信号线要选用屏蔽线,单端在高压变频器处接仿真地。

（6）还可通过调整高压变频器的载频来改善干扰。频率越低,干扰越小,但电磁噪声越大。

（7）RS-485通讯口与上位机相连一定要采用光电隔离的传输方式,以提高通信系统的抗干扰性能。

（8）外配计算机或仪表的供电要和高压变频器的动力装置供电分开,尽量避免共享一个内部变压器。

（9）在受干扰的仪表设备方面也要进行独立屏蔽,市场上的温控器、PID调节器、PLC、传感器或变送器等仪表,都要加装金属屏蔽外壳并与保安地相连。必要时,可在此类仪表的电源进线端加装上述的电感式磁环滤波器。

7.4　变频调速系统调试方法

在变频调速系统调试工作中,应本着"先空载,再轻载,后重载"的基本原则来调试变频调速系统,以减少不必要的损失,提高工作效率。在调试过程中,最好与机械工程师和工艺工程师配合进行,使变频调速系统能够最大限度地满足生产工艺要求,提高生产效率和产品质量。

7.4.1　试车前的工作

在变频调速系统试车前,应仔细阅读图纸,熟悉整个系统的控制原理以及有关的保护措施和工艺原理。

1. 应明确掌握的内容

① 变频器的主要技术参数,如电压、电流、功率、频率范围等。

② 电动机的铭牌数据。

③ 变频器功能及参数设定的项目。

2. 控制柜的检查

在变频器安装、接线结束后,通电试车前应做如下检查:

① 检查控制柜的外观是否有破损,锈蚀等。

② 检查变频器的型号是否有误,对照安装环境是否合理。

③ 检查控制柜内的主回路和控制回路设备元器件的外观,有无脱落与破损现象,电缆线径是否符合设计要求。

④ 检查接线有无错误,电气连线有无松动,接地是否可靠。

3. 测量绝缘电阻

采用500 V兆欧表测量系统主电路的绝缘电阻,主电路的绝缘阻值应在100 MΩ以上,用万用表高阻挡来测量控制电路电阻,不允许用高电压仪表测量控制电路。

4．接通变频器电源

① 变频器接通电源后，显示屏将开始显示。不同品牌的变频器，其显示内容各异，应对照操作手册观察显示内容是否正常。

② 观察变频器内部风机是否工作正常，用手在出风口试探风量是否正常。有的变频器工作到一定温度后风机才能起动，应仔细阅读操作手册。

③ 测量变频器三相交流进线电压是否正常。

5．功能预置

各种变频器的操作面板及键盘配置不同，应该对照操作手册熟悉各键的功能。各种变频器都是通过切换来显示和设置功能及参数的，必须掌握切换的基本操作。除功能及参数设置外，并能通过各项显示内容来判断、检查变频器的运行状态。

根据系统的具体技术要求，对照操作手册，进行变频器各项功能及参数的设定。

7.4.2　系统空载试验

变频器输出端接上电动机，将电动机与负载脱开，进行通电试验。观察变频器与电动机配合的工作情况，校正电动机旋转方向。其试验步骤如下：

1．起动试验

观察变频器与电动机配合的工作情况，校正电动机旋转方向。先将频率设置为 0 Hz，合上电源后，慢慢提升工作频率，观察电动机升速情况，直至将频率升到 50 Hz。

2．电动机参数检测

具有矢量控制功能的变频器需要通过电动机空转来自动检测电动机的参数，其中包括电动机的静态参数，如电阻、电抗等，以及动态参数，如空载电流等。

3．基本操作

在完成上述工作后，要进行变频器的基本操作，包括启动、升速、降速、点动等。

4．停车试验

使电动机在设定转速下运行 10 min，然后将频率迅速降至 0 Hz，观察电动机的制动情况。如无误，空载试验结束。

6.4.3　系统的带载试验

将电动机与负载连接进行试验。

1．启动试验

① 使工作频率从 0 Hz 开始慢慢提升，观察系统启动情况，同时观察机械的运行状态是否正常。记录系统是在哪个频率时开始起动的，电动机转速是否随频率上升而升速。若在频率较低情况下，电动机不能随频率的上升而旋转起来，这说明系统起动困难，应考虑设置转矩补偿。

② 将显示内容切换到电流显示，再将给定频率升至最大值。使电动机按设定的升速时间上升至最高转速。在此期间，观察电流变化，如果在升速过程中变频器出现过流保护动作而跳闸，这时应该适当增大升速时间。

③ 观察系统起动升速过程是否平稳,是否有振荡。对于大惯性负载,按预先设定的频率变化率升速或降速时,有可能出现加速转矩不够,造成电动机转速与变频器输出频率不协调。应考虑低速时设置暂停升速功能。

④ 对于风机负载,应该观察停机后风叶是否因自然风而反转。如有反转现象,应该设置起动前的直流制动功能。

2. 停车试验

① 将工作频率调至最高工作频率,按下停机按钮,观察系统是否出现过电流或过电压而跳闸现象,如发生此类现象,则应延长减速时间。

② 当频率降至 0 Hz 时,观察电动机是否有"爬行"现象,如发生这种现象,应该考虑直流制动。

3. 带载能力试验

① 在负载所要求的最低转速时,带额定负载,且长时间运行。观察电动机的发热情况,如发热严重,应该考虑电动机散热问题。

② 在负载所要求的最高转速时,变频器工作频率超过额定频率,观察电动机是否能带动这个转速下的额定负载。

7.5　变频调速系统的维护与维修

变频器是以电子元器件为中心构成的静止电气设备。为了保证安全、正常生产,必须经常地对变频器及系统进行维护检查。

7.5.1　系统的维护和检查

1. 日常检查
① 运行中检查是否出现不正常现象。
② 电动机是否运转正常。
③ 安装环境是否发生改变。
④ 冷却系统是否工作正常。
⑤ 系统是否有异常声音或异常振动。
⑥ 是否出现电动机过热以及导线变色。
⑦ 运行过程中经常测量变频器输入、输出电压。

2. 定期检查
① 凡是不停机情况下不能检查的位置,要做定期检查。
② 导体和绝缘体是否发生腐蚀损坏。
③ 测量绝缘电阻。
④ 冷却风机及变频器外围设备的检查与更换等。

7.5.2　高压变频器的维护和检查

1. 高压变频器日常维护保养

高压变频器一般的安装环境要求：最低环境温度-5 ℃,最高环境温度 40 ℃。大量研究表明,高压变频器的故障率随温度升高而成指数的上升,使用寿命随温度升高而成指数的下降,环境温度升高 10 ℃,高压变频器使用寿命将减半。此外,高压变频器运行情况是否良好,与环境清洁程度也有很大关系。夏季是高压变频器故障的多发期,只有通过良好的维护保养工作,才能够减少设备故障的产生,请用户务必注意。

在夏季高压变频器维护时,应注意变频器安装环境的温度,定期清扫变频器内部灰尘,确保冷却风路的通畅。加强巡检,改善变频器、电机及线路的周边环境。检查是否紧固,保证各个电气回路的正确可靠连接,防止不必要的停机事故发生。

2. 日常巡检需要注意事项

① 认真监视并记录变频器人机界面上的各显示参数,发现异常应即时反映。

② 认真监视并记录变频室的环境温度,环境温度应在-5 ℃~40 ℃之间。移相变压器的温升不能超过 130 ℃。

③ 夏季温度较高时,应加强变频器安装场地的通风散热,确保周围空气中不含有过量的尘埃,酸、盐、腐蚀性及爆炸性气体。

④ 夏季是多雨季节,应防止雨水进入变频器内部(例如雨水顺风道出风口进入)。

⑤ 变频器柜门上的过滤网通常每周应清扫一次;如工作环境灰尘较多,清扫间隔还应根据实际情况缩短。

⑥ 变频器正常运行中,一张标准厚度的 A4 纸应能牢固的吸附在柜门进风口过滤网上。

⑦ 变频室必须保持干净整洁,应根据现场实际情况随时清扫。

⑧ 变频室的通风、照明必须良好,通风散热设备(空调、通风扇等)能够正常运转。

3. 变频器停机后需要维护的项目

① 用带塑料吸嘴的吸尘器彻底清洁变频器柜内外,保证设备周围无过量的尘埃。

② 检查变频室的通风、照明设备,确保通风设备能够正常运转。

③ 检查变频器内部电缆间的连接应正确、可靠。

④ 检查变频器柜内所有接地应可靠,接地点无生锈。

⑤ 每隔半年(内)应再紧固一次变频器内部电缆的各连接螺母。

⑥ 变频器长时间停机后恢复运行,应测量变频器(包括移相变压器、旁通柜主回路)绝缘,应当使用 2 500 V 兆欧表。测试绝缘合格后,才能启动变频器。

⑦ 检查所有电气连接的紧固性,查看各个回路是否有异常的放电痕迹,是否有怪味、变色,裂纹、破损等现象。

⑧ 每次维护变频器后,要认真检查有无遗漏的螺丝及导线等,防止小金属物品造成变频器短路事故。特别是对电气回路进行较大改动后,确保电气连接线的连接正确、可靠,防止"反送电"事故的发生。

7.5.3 变频器常见故障

1. 过电流

故障现象：变频器在加速、减速或正常运行时出现过电流跳闸。

首先应区分是由于负载原因，还是变频器的原因引起的。如果是变频器的故障，可通过历史记录查询在跳闸时的电流。如果超过了变频器的额定电流或电子热继电器的设定值，而三相电压和电流是平衡的，则应考虑是否有过载或突变，如电机堵转等。在负载惯性较大时，可适当延长加速时间，此过程对变频器本身并无损坏。若跳闸时的电流，在变频器的额定电流或在电子热继电器的设定范围内，可判断是 IPM 模块或相关部分发生故障。首先可以通过测量变频器的主回路输出端子 U、V、W，分别与直流侧的 P、N 端子之间的正反向电阻，来判断 IPM 模块是否损坏。如模块未损坏，则是驱动电路出了故障。如果减速时 IPM 模块过流或变频器对地短路跳闸，一般是逆变器的上半桥的模块或其驱动电路故障；而加速时 IPM 模块过流，则是下半桥的模块或其驱动电路部分故障，发生这些故障的原因，多是由于外部灰尘进入变频器内部或环境潮湿引起。

2. 过电压

过电压报警一般是出现在停机的时候，其主要原因可能是减速时间太短或制动电阻及制动单元有问题。

3. 欠电压

欠电压也是在使用中经常遇到的问题，主要是因为主回路电压太低。欠电压主要原因可能是整流桥某一路损坏或晶闸管三路中有某一路工作不正常导致欠压故障出现。其次，主回路接触器损坏，导致直流母线电压损耗在充电电阻上，也有可能导致欠压。另外，电压检测电路发生故障也可能出现欠电压问题。

4. 过热

变频器过热是一种常见故障，主要原因可能是周围环境温度过高、风机堵转、温度传感器性能不良或电动机过热等。

5. 输出电压不平衡

输出电压不平衡一般表现为电动机抖动，转速不稳。其主要原因可能是模块损坏、驱动电路损坏或电抗器损坏等。

6. 过载

过载也是变频器出现比较频繁的故障之一。对于过载现象，首先应分析、判断是电动机过载还是变频器自身过载。通常情况下，电动机由于过载能力较强，只要变频器参数表中的电动机参数设置得当，一般不会出现电动机过载。而变频器本身由于过载能力较差则容易出现过载报警，此时应检查变频器输出电压。

7. 接地故障

接地故障也是常见故障之一。如果电动机接地良好，最可能发生故障的部分就是霍耳传感器。霍耳传感器由于受温度、湿度等环境因素影响，工作点很容易发生漂移，导致报警。

8. 限流运行

在平时运行中，可能会遇到变频器提示限流报警。对于一般的变频器，在限流报警出现时不能正常工作,首先电压(频率)自行下降,直到电流下降到允许的范围,一旦电流低于允许值,电压(频率)会再次上升,从而导致系统的不稳定。变频器采用内部斜率控制,在不超过预定限流值的情况下寻找工作点,并控制电动机平稳地运行在工作点上,同时将报警信号反馈给用户,用户依据报警信息检查负载和电动机是否有问题。

7.6　变频器使用要点

1. 安装电抗器

安装电抗器可使变频器输入电流减小,其优点如下:

(1) 在变频器输入侧加装电抗器,使得周围设备的高次谐波电流得到衰减。

(2) 抑制电源浪涌电压,使变频器得到保护。

(3) 在接通变频器电路时,对尖峰电流进行抑制。

(4) 功率因数得到改善。交流电抗器改善率为 90% 以上,直流电抗器改善率为 95% 以上。

(5) 对 5.5 kW 或更大容量变频器,交流和直流电抗器可作为其有用的选件。

2. 使用环境注意事项

产品的工作温度一般要求在 0 ℃～50 ℃,但为了保证工作安全、可靠,使用时应考虑留有裕度,最好控制在 40 ℃以下。绝对不允许把发热元件紧靠变频器的底部安装。

3. 电气环节要注意事项

(1) 防止电磁干扰。

(2) 防止输入端过电压。

4. 参数设置注意事项

在使用变频器之前,将变频器输出电压设为 380 V,基底频率设为 50 Hz;对驱动泵类和风机负载,最高频率和上限频率设置为 50 Hz,下限频率设置为 15～20 Hz;加减速根据电动机的容量和负载量确定。

5. 接线过程中的注意事项

在安装、测试、维修过程中,常需要进行端子接线。切记不要将电源线接到变频器的输出端子上;也不要将变频器输出端子排上的 N 端子误认为是电源中性线端子。控制回路接线应与主回路接线尽量远离。

6. 变频器的接地和防雷

变频器的正确接地是提高控制系统灵敏度、抑制噪声的重要手段。变频器接地端子 E(G)的接地电阻越小越好,接地导线截面积应不小于 2.5 mm^2,长度应控制在 20 m 以内。在雷电活跃地区,如果电源是架空进线,应在进线处装设变频专用避雷器,或按规范要求在离变频器 20 m 的远处预埋钢管保护接地。

7. 变频器运行的注意事项

试运转时,最好先不带负载运行一次,然后带轻载运行,最后再带载运行。变频器的运行与停止操作不要采用通、断变频器电源的方式。

本章实训

实训目标：

(1) 学会正确选择电缆线径及电缆长度。

(2) 掌握变频器主电路接线方法和操作技能。

(3) 学会正确选择控制线的种类、线径和长度。

(4) 掌握变频器控制电路接线方法和操作技能。

实训设备：

三菱 FR-A540 系列变频器一台(0.4 kW、0.75 kW、2.2 kW，可根据实际情况任选)，电工工具一套，500 V 兆欧表一台，数字或指针式万用表一块，根据变频器的容量选择三相异步电动机一台，根据图 6-18 所示电路选择变频器相关控制电器。

项目描述：

1. 主电路描述

由于主电路为功率电路，连线不正确不仅损坏变频器，而且会危及人身安全或造成设备事故，因此，选择变频器电缆应注意以下两点：

(1) 电源与变频器之间的电缆不宜过长，要求小于 50 m。变频器与电动机间的接线要考虑线路电压降 ΔU，一般要求

$$\Delta U \leqslant (2 \sim 3)\% U_n$$

(2) 线径宜大不宜小。

2. 控制电路描述

如图 6-18 所示，控制电路接线包括模拟量接线和开关量接线。

模拟量控制线主要包括输入侧的给定信号线和反馈信号线。输出侧的频率信号线和电流信号线。由于模拟量信号抗干扰能力较差，所以必须使用屏蔽线或双绞线。

变频器的起动、点动、多挡转速控制等控制线，都属于开关量控制线。

实训项目 1　主电路接线

主电路接线方法参考图 7-4 所示进行。

(1) 将变频器输出端子 U、V、W 与电动机连接。其工艺要求要根据变频器及电动机容量正确选择压接端子，进行可靠连接。

(2) 变频器及电动机接地。

(3) 在自动空气开关分断状态下，将变频器输入端子 R、S、T 连接至自动空气开关下口。

根据变频器使用技术条件要求，接到电动机的电缆应采用屏蔽电缆或铠装电缆。

主电路接线应注意以下几个问题：

(1) 不能用接触器来控制变频器的运行与停止，应使用控制面板上的操作键盘或外部接线端子上的控制信号。

(2) 变频器输出端绝对不能接电力电容器或其他吸收电器。

(3) 在调试过程中，当电动机旋转方向与工艺要求不一致时，调换变频器的输出相序，

不要用调换控制端子 STF、STR 的控制信号来改变电动机旋转方向。

（4）变频器的输出与输入端子绝对不允许接错，否则会使变频器逆变管烧毁。

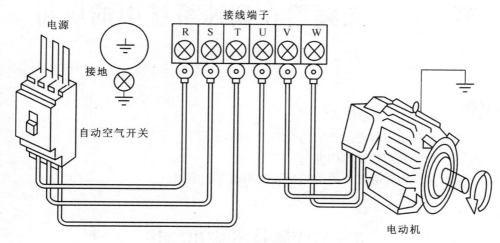

图 7-4　主电路接线图

实训项目 2　控制电路接线

控制电路的接线按图 6-20 所示控制电路接线。

（1）屏蔽层靠近变频器的一侧，应接控制电路公共端，而不要接变频器接地端，屏蔽层的另端应悬空。

（2）模拟量控制线的接线原则也适用于开关量控制线的连接。但开关量的抗干扰能力强，因此在近距离接线时可不使用屏蔽线。同一信号线必须绞在一起。

实训项目 3　通电试车

通电试车：

（1）接线完成后，要对照图纸再仔细检查接线是否有误。

（2）经指导教师检查同意后方可通电试车。

（3）在试车过程中，要认真观察和体会主电路与控制电路的作用。

习题 7

1. 变频器的安装环境应该满足什么条件？

2. 变频器安装时周围的空间最少应为多少？

3. 变频调速系统主回路电缆与控制回路电缆在安装时有什么要求？应注意哪些事项？

4. 如何计算变频器的容量？

5. 变频器有哪些抗干扰措施？

6. 说明变频调速系统的调试方法与步骤。

7. 变频调速系统日常维护应注意哪些问题？

8. 变频器最常见的故障有哪些？如何应付？

第8章　变频器在调速系统中的应用

学习目标

1. 熟悉和了解变频器在生产中的应用。
2. 能够分析变频器各种应用电路。
3. 应用所学知识能够设计简单的变频器调速控制电路。

8.1　变频技术应用综述

变频技术的应用分为两类,一类用于交流调速系统,一类用于为其他设备提供静止电源。变频器最典型的用途是电力拖动系统的节能和提高产品质量。随着电力电子技术、计算机技术和自动控制理论的不断发展,电气传动技术日新月异。交流电动机调速系统广泛取代直流电动机调速系统已经成为现实。交流电动机调速技术是节能、改善工艺流程以及提高产品质量、推动技术进步的必要手段之一。

表 8-1 列出了由变频器组成的电气传动系统的特点,据有关资料表明:变频器在工业生产中的节能效果是非常明显的,无论是用于节能还是提高产品质量,其应用潜力也非常巨大。

表 8-1　变频器组成的电气传动系统特点

变频器的传动特点	用　途	效　果
采用标准电动机调速	风机、水泵、空调,一般机械	也可以使用原有电动机调速
连续调速	机床、搅拌机、空压机	可选择任意转速
起动电流小	空压机	电源设备容量可减小
最高转速不受电源影响	风机,水泵,空调,一般机械	最大工作能力不受电源频率限制
电动机高速小,小型化	机床、化纤机械、带式输送机	可以得到用其他调速方式得不到的最高转速
防爆	制药、化工、矿山机械	容易做到防爆
低速时定转矩输出	位置控制伺服系统	电动机可堵转
可调节加、减速的大小	生产流水线、电梯	防止加速度过大

8.2　变频器在风机控制中的应用

风机是工矿企业中应用比较广泛的机械,如锅炉的燃烧系统、矿山通风系统以及造纸烘干系统等。传统的风机控制是全速运行,风机提供固定的风压、风量。但生产工艺往往需要对风压和风量以及温度等技术指标进行调节控制,若全速运行必然导致电能的大量浪费。因此,采用变频器实施对风机的控制具有重要的节能意义。

8.2.1　风机负载的机械特性

1. 二次方律负载

风机具有二次方律负载的机械特性,属于这类机械特性的风机有离心式风机、混流式风机、轴流式风机等。其中以离心式风机最为典型,应用也最为广泛。

风机从 0 开始升速时,尽管风量的流速低,但也要考虑此时的负载转矩 T_0 和功率 P_0。随着电动机的升速,风压、风量也随之加大,负载转矩和功率也越来越大。因此,即使是在空载的情况下也要考虑转矩和功率的损失。

2. 风量调节方法

① 由于电动机的转速是恒定不变的,只能用调节风门或挡板的开度来调节风压和风量。这样的调节,使得风门和挡板损失和消耗了一部分功率。

② 如果风门或挡板的开度不变,调节电动机转速,则风量随转速而改变。

③ 在所需风量相同情况下,调节电动机转速的方法所消耗的功率要比调节风门或挡板小得多,这就是变频调速的节能所在。

3. 风机容量选择

风机容量是根据生产工艺要求选择的。如果对现有风机进行技术改造,风机容量就不用再选择了。

4. 变频器容量选择

风机在运行过程中,如果稳定在某一速度工作,其转矩不会发生变化,只要转速不超过额定值就不会发生过载现象。通常情况下,变频器技术说明书所给出的容量具有一定裕度和安全系数。因此,变频器容量比所要驱动的电动机容量稍大即可。

8.2.2　变频器的设置

1. 变频器控制方式设置

(1) 操作模式设置

为了操作方便,可将变频器的操作设置为面板与外部操作组合模式或外部操作模式。操作人员可以通过安装在工作台上的按钮或电位器控制和调节风机的转速。

（2）变频器控制方式设置

变频器控制方式可根据风机的负载特性进行设置。如果风机在额定转速以下工作,负载转矩较低,不存在电动机带不动负载问题。因此,采用 V/F 控制方式即可满足工艺要求。而且从性能价格比角度考虑,也可以选择比较廉价的风机水泵专用变频器。

（3）U/f 控制曲线的选择

风机的机械特性及有效转矩曲线如图 8-1 所示。图中曲线,是风机的二次方律负载特性曲线。曲线 1 是电动机在 V/F 控制方式下转矩补偿为 0 时的有效转矩曲线。当转速为 n_x 时,对应负载曲线 0 的转矩为 T_{LX};对应曲线 1 的电动机的有效转矩为 T_{MX}。由此可见,在低频运行时,即使转矩补偿为 0,电动机的有效转矩与负载转矩相比,也具有相当大的裕量。也说明拖动系统仍有较大的节能裕量。

在选择低减 U/f 曲线时,要考虑电动机的起动问题。图 8-1 中曲线 0 与电动机有效转矩曲线 3 的交叉点 S,是电动机的起动转矩与负载转矩相等的点,也就是系统的工作点。显然,在 S 点以下是不能起动的,解决起动难的办法是选择低减 U/f 曲线 2,适当加大起动频率。在进行变

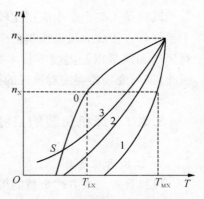

图 8-1　风机的机械特性及有效转矩曲线

频器参数设置时,要仔细阅读变频器操作手册中 U/f 曲线的出厂设定值。通常,变频器出厂时会将 U/f 曲线设置为具有一定补偿量的状态,以适应低速时需要较大转矩的负载。但风机低速时转矩很小,即便没有补偿,电动机的输出转矩也足以带动负载。如果用户不做 U/f 曲线的设置,而直接接上风机使用,则节能效果就不明显了,甚至会出现过流跳闸现象。

2. 变频器参数设置

（1）上限频率

如果风机转速超过额定转速,其负载转矩按平方规律增大很多,容易使电动机和变频器处于过载状态。因此,上限频率不能超过电动机的额定频率。

（2）下限频率

风机对下限频率没有要求,因风机转速很低时,风量较小,并无实际意义,所以一般下限频率可设置大于 20 Hz。

（3）升、降速时间

因为风机属于大惯性负载,升速时间过短容易产生过电流,而降速时间过短又会产生能量回馈。因此,升、降速时间可以适当设置长些,具体时间可视风机容量和工艺要求而定。一般情况下风机容量越大,其升、降速时间越应设置长些。

（4）升、降速方式

风机在低速时转矩很小,随着转速不断升高,转矩也随之越来越大。反之,开始停机后,由于惯性作用,转速下降缓慢。所以选择 S 形 B 升速方式较为适宜。

（5）回避频率

由于风机存在固有频率,在运行中为防止发生机械共振,所以必须考虑设置回避频率,跳出发生机械共振的频率区域。设置回避频率可采用反复试验的方法,反复地观察产生共振的频率区域,然后进行设置。

（6）起动前的直流制动

风机在停机时，由于自然风的作用，常常处于反转状态，此时也就是电动机处于再生发电状态，为使风机从零速开始起动，须采用起动前的直流制动。

8.2.3　风机变频调速系统电路组成

例如：某学校锅炉房引风机，电动机容量为 37 kW，采用变频调速。一般情况下，风机采用正转控制，电路比较简单。风速大小由操作工人调节。控制柜和变频器以及操作台均安装在电控室，进行远距离操作。风机变频调速系统电路原理图如图 8－2 所示。

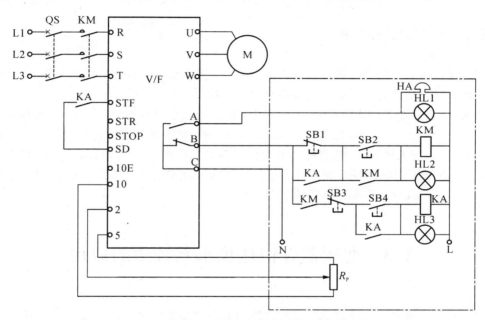

图 8－2　风机变频调速系统电路原理图

1. 主电路电器选择

（1）变频器选型

选用三菱 FR－A540－37K－CH 型变频器，额定容量为 54 kV·A，额定电流 71 A。

（2）空气开关

由式(6-4)，可得

$$I_{QN} = (1.3 \sim 1.4)I_N = 100\ A$$

选用 DZXIOD－100 型自动空气开关。

（3）接触器的选择

根据式(6-6)

$$I_N = 71\ A$$

$$I_{KN} = 85\ A$$

选用 B 系列交流接触器，型号 B85。

2. 控制电路原理

按钮开关 SB1、SB2 用于控制接触器 KM,KM 用来控制变频器电源的通断。按下 SB2,KM 线圈得电并自锁,主触点闭合,接通变频器电源。

按钮开关 SB3、SB4 用于控制继电器 KA,KA 用来控制变频器的运行与停止。按下 SB4,KA 线圈得电并自锁,接通变频器正转起动端子 STF,风机起动运行。

KM 与 KA 之间具有连锁关系,在 KM 未接通电源之前,KA 不能得电。在 KA 来断电时,KM 也不能断电。电位器 Rp 用于变频器的频率给定,用来调节风机转速。

当变频器发生异常故障时,其异常输出端子 B–C 分断,切断控制电路电源,使系统迅速停机,同时 A–C 间接通,接通声光报警电路,对变频器起到了保护作用。

8.2.4　节能效益分析

对于风机设备采用变频调速后的节能效果,可根据风机在不同的控制方式下的风量与负载关系以及现场运行的负荷变化等情况进行计算。

如果,一台工业锅炉所使用的 30 kW 引风机,一天 24 h 连续运行。采用变频调速,在大风量时,频率按 46 Hz 计算,每天有 10 h;在小风量时,频率按 20 Hz 计算,每天有 14 h。用挡板调节风量,在大风量时,电动机功率消耗按额定功率的 98% 计算,每天同样有 10 h;在小风量时,电动机功率消耗按额定功率的 70% 计算,每天也有 14 h。全年运行时间以 300 天计算:请读者自行计算变频调速的节电效果。

8.3　变频器在恒压供求系统中的应用

城市供水系统是人们生活和工业生产不可缺少的公共设施之一。水压通常可保证 6 层以下楼房用户用水,而其余各层都需要提升水压才能满足用水的需求量。传统的提升水压方式是采用水塔、高水位水箱或气压罐等增压设备。这种设备经济成本高、能量消耗大。如果采用变频器控制的恒压供水系统,则无需增压设备,节约电能,降低供水成本。

恒压供水系统的基本控制思想是:采用变频器对水泵电动机进行变频调速,组成供水压力的闭环控制系统。系统的控制目标是水泵总管道的出水压力。系统的给定水压力值与反馈的总管道出水压力值相比较,将偏差值送 CPU 进行运算处理后,发出控制指令,调节水泵电动机的转速、控制水泵电动机投入运行的台数,实现总管道以稳定压力供水。

8.3.1　供水系统的主要参数

某供水系统示意图如图 8–3 所示。水泵将水池中的水抽出,并上扬至一定高度,来满足工农业生产和生活所需的供水压力和水流量。

1. 流量

在单位时间内流过管道某一横截面的水量称为流量,用 Q 表示,单位: m^3/s、m^3/min

或 m³/h。

2. 压力

水在管路中的压强,俗称为压力。用 P 表示,单位：MPa。

3. 全扬程

单位质量的水被水泵所上扬的高度称为扬程,如图 8-3 所示。扬程是说明水泵泵水能力的物理量,用 H_T 表示,单位：m。将水上扬到一定高度,是水由动能转化成势能的过程,在这个过程中要克服管道阻力做功,还要使水保持一定的流速。全扬程则定义为在忽略管道阻力,也不计流速的情况下,水泵将水上扬的最大高度。

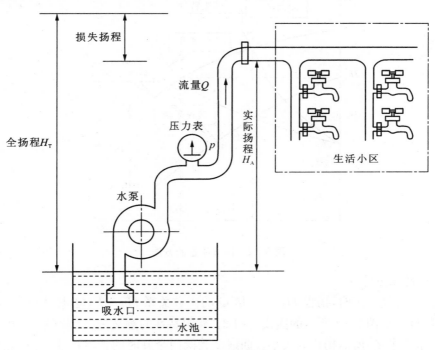

图 8-3　供水系统示意图

4. 损失扬程与实际扬程

水在管道中流动克服管道阻力做功,必然有一定的扬程损失,这部分扬程称为损失扬程。因此水泵将水克服一切阻力后所上扬的实际高度,称为实际扬程,用 H_A 表示。是全扬程与损失扬程相减的差值。

5. 管阻

在管道系统中,管路、截门等管件对水流的阻力称为管阻。

8.3.2　供水系统的特性

1. 水泵的扬程特性

在管道中阀门完全打开的情况下,扬程 H_T 与流量 Q 之间的函数关系 $H_T = f(Q)$ 称为水泵的扬程特性。如图 8-4 中所示的曲线 3 为水泵在额定转速情况下的扬程特性。曲线 4

为水泵在转速较低的情况下的扬程特性。图中 A、B、C、D 4 点为供水工作点。

当用户用水需求量较小时,在曲线 3 的 A 点,所对应的流量 Q_A 较小。此时,所对应的全扬程 H_{TA} 较大。

当用户用水需求量较大时,在曲线 3 的 B 点,所对应的流量 Q_B 较大。此时,所对应的全扬程 H_{TB} 较小。

可见,流量的变化反映了用户用水需求量的大小。因此,扬程特性反映了用户用水需求量对全扬程的影响。

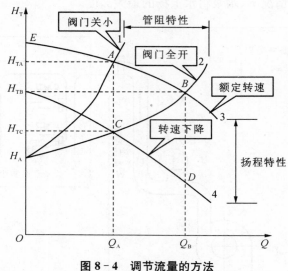

图 8 - 4　调节流量的方法

2. 管道的阻力特性

当阀门的开度一定时,扬程 H_T 与流量 Q 的函数关系 $H_T=F(Q)$ 称为管道阻力特性,简称管阻特性。如图 8 - 4 所示的曲线 1 和 2。管阻特性的意义是:为提供一定的供水流量(也就是用水需求量)所需扬程的大小。曲线 2 为阀门全开时的管阻特性,由 C 点对应的流量 Q_A 与 B 点对应的流量 Q_B 可以看出,供水流量较小时,所需的扬程 H_{TC} 也较小;在供水流量较大时,所需的扬程 H_{TB} 也较大。

8.3.3　供水系统流量的调节方法

在供水系统中,最根本的控制对象就是流量。因此,了解调节流量的方法,对供水系统的节能有非常重要的意义。常用调节流量的方法有管道阀门调节和水泵转速调节两种。

1. 管道阀门调节

在保持水泵转速不变(额定转速)的前提下,改变阀门开度调节供水流量的方法,称为阀门控制法。阀门调节水流量的实质是:水泵本身供水能力保持不变,用调节阀门开度来调节供水流量,也就是通过改变管路中阻力大小来改变供水能力(流量)。此时,管阻特性将随着阀门的开度变化而变化,而扬程特性不变。

如图 8 - 4 中,减小阀门的开度,使供水流量由 Q_B 减小到 Q_A,管阻特性将由曲线 2 变化到曲线 1,而扬程特性则不变,仍为曲线 3。供水工作点由 B 移至 A。此时,流量减小了,但扬程 H_{TB} 增大到 H_{TA}。

2. 水泵转速调节

在保持阀门开度不变的情况下,改变水泵转速调节供水流量的方法称为转速控制法。转速调节水流量的实质是:阀门开度最大且保持不变,通过改变水泵转速调节供水流量,也就是通过改变水泵扬程改变供水能力(流量),以适应用户用水需求量。此时,扬程特性将随着水泵转速变化而变化,而管阻特性则不变。

如图 6-4 所示,降低水泵的转速,使供水流量由 Q_B 减小到 Q_A,扬程特性将由曲线 3 变化到曲线 4,而管阻特性则不变,仍为曲线 2。供水工作点由 B 点移至 C 点。此时,流量减小了,扬程由 H_{TB} 下降到 H_{TC},将管道阀门调节与水泵转速调节两种方法相比较,可知,采用调节水泵转速的方法调节水的流量,降低了电动机使用功率,从而达到了节能的目的。

8.3.4　恒压供水的控制目标

供水系统的控制目的就是为了满足用户对流量的要求。因此,流量是供水系统的基本控制对象。而流量的大小又取决于水泵的扬程,但扬程是很难测量和控制的。在动态情况下,设管道中水压为 p,供水能力为 Q_g,用水需求量为 Q_n,三者的平衡关系是:

当供水能力 Q_g 大于用水需求量 Q_n 时,水压上升($p\uparrow$);

当供水能力 Q_g 小于用水需求量 Q_n 时,水压下降($p\downarrow$);

当供水流量 Q_g 等于用水需求量 Q_n 时,水压恒定(p)。

所谓供水能力就是水泵能够提供的水流量,其大小取决于水泵的容量与管道的阻力情况;而用水流量则是用户实际使用的需求量,其流量大小取决于用户的用水量。可见,供水能力与用水流量之间的矛盾主要反映在水压力的变化上。因此,控制了水压力也就相应控制了水流量。保持系统总管道出水压力的恒定,也就保持了供水能力和用水流量的平衡状态,这就是恒压供水所要控制的目标。

8.3.5　恒压供水变频调速系统控制原理

1. 恒压供水变频调速系统构成

图 8-5 所示为恒压供水系统示意图。由图可见,变频器有两个控制信号。

(1) 目标信号 X_T

目标信号 X_T 是变频器模拟给定端子 2 得到的信号。该信号是一个与压力的控制目标相对应的值,通常用百分数来表示。如用户要求的供水压力为 0.3 MPa,压力变送器 SP 的量程为 0～1 MPa,则目标值应设置为 30%。目标信号可由键盘给定,而不必通过外接电位器给定。

(2) 反馈信号 X_F

反馈信号 X_F 是由压力变送器 SP 反馈到变频器模拟输入端子 4 的信号,该信号反映了实际压力值的大小。

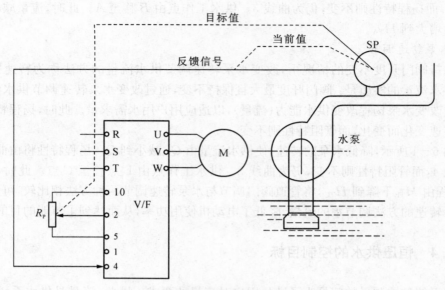

图 8 - 5　恒压供水系统图

2. 压力传感器

压力传感器用来检测供水总管路的出水压力,为系统提供反馈信号。压力传感器种类较多,这里只介绍常用的两种压力传感器。如图 8 - 6 所示为压力传感器的接法。

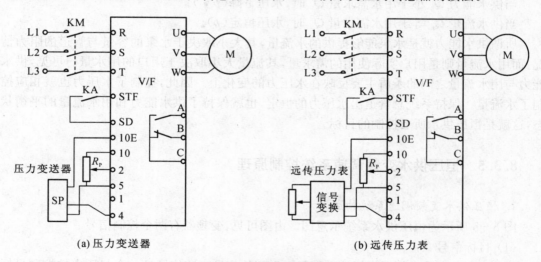

(a) 压力变送器　　　　　　　　　　(b) 远传压力表

图 8 - 6　压力传感器及接法

(1) 压力变送器 SP

如图 8 - 6(a)所示,它是将流体压力变换成电压或电流信号输出的器件。所以,其输出信号是随压力变化的电压或电流信号。当距离较远时,应取 4～20 mA 电流信号。

(2) 远传压力表 P

如图 8 - 6(b)所示,远传压力表基本结构是在压力表的指针轴上附加一个能够带动电位器的滑动触点装置,实质上就是一个电阻值随压力变化的电位器。

3. 系统工作原理

图 8-7 所示为变频器内部 PID 控制框图。由图可见,给定信号 X_T 和反馈信号 X_F 两者是相减的关系,其相减结果为偏差信号 $\Delta X = X_T - X_F$。经过 PID 调节处理后得到频率给定信号 X_G,它决定了变频器的输出频率 f_X。

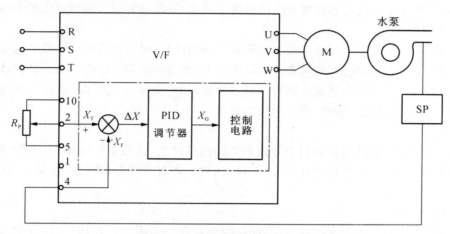

图 8-7　变频器内部 PID 控制框图

（1）用水需求量减小时的平衡过程

当用水需求量减小时,供水能力 Q_g 大于用水需求量 Q_n,则水压 P 上升,反馈信号 X_F 也上升,偏差信号 ΔX 减小,变频器输出频率 f_X 降低,使电动机及水泵转速降低,供水能力 Q_g 下降,直到水压 P 回复到目标值。供水能力 Q_g 等于用水流量 Q_n,恢复供需平衡。

（2）用水需求量增加时的平衡过程

当用水流量增加时,供水能力 Q_g,小于用水需求量 Q_n,则水压 P 下降,反馈信号 X_F 也下降,偏差信号 ΔX 增大,变频器输出频率 f_X 上升,使电动机及水泵转速上升,供水能力 Q_g,增加,直到水压 P 上升到目标值。供水能力 Q_g,等于用水需求量 Q_n,恢复供需平衡。

8.3.6　变频器选型及功能设置

1. 变频器选型

目前,大多数制造厂商都专门生产了"风机、水泵专用变频器"系列产品,其功能设置与普通变频器有一定区别。一般情况下,直接选用即可。但对于用在含有大量泥沙场合的"泥浆"泵,应该根据其对过载能力的要求选择适用的变频器。

2. 控制方式设置

供水系统对供水量精度要求不是很高,故采用 V/F 控制方式的变频器已经能够满足。大部分变频器都给出两条 V/F 低减线,如图 4-26 中所示的 0.1 和 0.2 曲线。一般选用负补偿程度较轻的 0.1 曲线。不必采用矢量控制方式的变频器。供水系统根据供水压力反馈信号构成恒压供水的闭环系统。采用 PID 控制调节,使系统反应快速,运行稳定。

3. 频率功能设置

(1) 最高频率

水泵是二次方律负载,其工作转速不允许超过水泵电动机额定转速。这是因为,水泵工作转速如果超过额定转速,会造成工作转矩超过额定转矩很多,导致电动机严重过载。因此,变频器工作频率不允许超过水泵电动机额定频率,其最高频率只能和额定频率相等。

(2) 上限频率

一般情况下,上限频率也可阻等于额定频率,但有时也可以设置略低一些。这是因为变频器内部具有转差补偿功能,同是在 50 Hz 情况下,水泵在变频运行时的实际转速往往会超过工频运行时的额定转速,造成实际转矩超过额定转矩,使电动机过载,进而使电动机和水泵的负载能力难以承受。因此,将上限频率设置为 49 Hz 为宜。

(3) 下限频率

在供水过程中,转速过低有时会导致水泵的扬程过低,且低于实际扬程,出现"空转"现象。一般情况下,下限频率设置在 30~35 Hz 为宜。在有些场合,依据具体情况,还可再略低一些。

(4) 起动频率

水泵在起动前,叶轮全部浸在水中,起动时会存在一定阻力。在从 0 Hz 开始起动的一段频率内,实质上电动机是转不起来的。因此,应该适当设置起动频率,使其在起动瞬间有适当的机械冲击力。起动频率一般设置在 5~10 Hz 为宜。

(5) 升、降速时间

通常,水泵不是频繁起动与制动的机械,升速时间与降速时间长短并不影响生产效率。因此,升速时间与降速时间可以设定稍长一些。要求电动机起动时的最大电流接近或略大于额定电流,降速时间与升速时间相等即可。

4. 暂停运行功能

在生活用水系统中,夜间用水量往往很少。即使水泵在下限频率运行,供水压力仍有可能超过目标值。此时,可使水泵暂停运行,也称为"睡眠"功能。当用水流量增大、供水压力低于压力下限值时,水泵结束暂停运行,也称为"唤醒"功能,系统又重新进入正常恒压供水工作状态。

8.3.7 恒压供水变频调速系统实例分析

在传统供水系统中,电动机工作在额定功率,出水压力和流量只能靠阀门控制。采用变频器控制后,控制电动机转速即可达到调节压力和流量的目的,彻底取消了水塔、高位水箱以及增压气罐等设备。消除了水质的二次污染,提高了供水质量,并且节约能源、操作方便、自动化程度高。如果与计算机通信还可以做到无人值守,节省了人员开支。其节能效率可达 20%~40%。有关资料表明,对传统供水系统进行技术改造后,一年就可以收回技改所用的投资。

1. 多台水泵的切换

为保证供水流量的需求,系统通常采用多台水泵联合供水。用一台变频器控制多台水泵协调工作,这种方法称为"1"控"x",x 为水泵台数。在不同季节和不同时间,用水需求量变化很大,为节约能源,本着多用多开,少用少开的原则,通常需要对水泵进行切换控割。

2. 主电路说明

图 8-8 所示为 1 控 3 供水系统主电路。圈中接触器 1KM2、2KM2、3KM2 分别用于将各台水泵电动机接至变频器。接触器 1KM3、2KM3、3KM3 分别用于将各台水泵电动机接至工频电源。

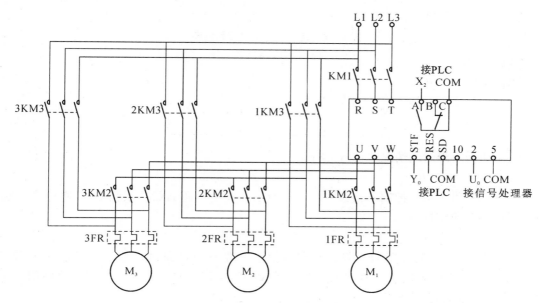

图 8-8 1 控 3 供水系统主电路

系统采用 PLC 控制变频器。变频器的端子 STF 由 PLC 的 Y_0 控制,端子 SD 与 PLC 的 COM 相连接。在 PLC 的 COM 上设置了复位按钮,用于变频器的复位操作。信号处理器的 U_o 和 COM 接变频器的端子 2 和 5,用于变频器的频率给定。变频器的异常输出信号端子 A 接 PLC 的 X_2,端子 C 与 COM 相连接。

采用一台变频器控制三台水泵时,称为"1"控"3"。首先由 1 号泵变频运行,当用水需求量增大时,1 号泵已经达到 50 Hz 的额定频率,但水压仍然不足。经过短暂的延时后,将 1 号泵切换为工频运行,同时,将 2 号泵切换到变频运行,变频器输出频率降至为 0 Hz,当 2 号泵也达到 50 Hz 的额定频率时,水压仍然不足,又将 2 号泵切换到工频运行,而将 3 号泵投入变频运行。反之,当用水需求量减少时,各泵依次退出工频运行,而用一台泵变频运行。这种方案所需设备成本较低,但每一次只有一台水泵变频运行,故节能效果较差。

近年来,由于变频器在恒压供水领域的广泛应用,使变频器制造厂商推出了内置"1"控"x"的专用变频器。现有的供水专用变频器基本上,将普通变频器与 PLC 组装在一起,具有"1"控"x"的切换功能,使控制泵统简化,提高了系统的可靠性。

3. 系统调节原理

图 8-9 所示为某恒压供水系统控制框图。由压力传感器检测总管道的实际供水压力 P,经 A/D 转换成数字量,作为反馈信号 U_F,与变频器键盘给定的数字信号 U_T 相比较,得到偏差信号 ΔU。经 PID 调节,再经过 D/A 转换成模拟量 U_G,来控制变频器输出频率 f_X,进而控制电动机及水泵转速 n,以达到恒压供水之目的。

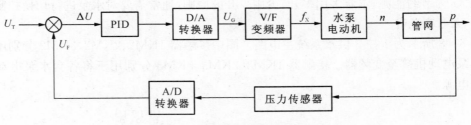

$$图 8-9 \quad 恒压供水系统控制框图$$

其调节过程是：

当供水压力上升时：

$$p\uparrow \rightarrow U_F\uparrow \rightarrow \Delta U\downarrow \rightarrow U_G\downarrow \rightarrow f_X\downarrow \rightarrow n\downarrow$$
$$p\downarrow \rule{8cm}{0.4pt}$$

供水压力下降时的情况请自行分析。

4. 控制电路说明

"1"控"3"供水系统控制电路如图 8-10 所示。采用三菱 FX2N 系列 PLC 通过信号处理器对变频器实施控制。

（1）PLC 输入点

PLC 的端子 X_2 用于接收来自变频器异常输出端子 A 的跳闸信号。PLC 的端子 X_4、X_6、X_{10} 分别用于 1 号、2 号、3 号泵的过载保护及报警。PLC 的端子 X_5、X_7、X_{11} 分别用于 1 号、2 号、3 号泵的自动运行。

（2）PLC 输出点

PLC 的端子 Y_0 用于控制变频器的端子 STF（正转运行）。PLC 的端子 Y_2、Y_3 分别控制相关的接触器对 1 号泵进行变频与工频切换；PLC 的端子 Y_4、Y_5 分别控制相关的接触器对 2 号泵进行变频与工频切换；PLC 的端子 Y_6、Y_7 分别控制相关的接触器对 3 号泵进行变频与工频切换。

（3）信号处理器

信号处理器具有放大和逻辑变换两个功能。在这里主要用于处理由传感器检测的实际压力信号。压力传感器的反馈信号 U_{11}，与给定信号 U_{12} 相比较，经 A/D 转换后，输入到 PLC 的端子 X_0。经 PLC 运算后，由 PLC 的端子 Y_1 送回信号处理器。再经 D/A 转换，由信号处理器的端子 U_0 输出到变频器对其频率进行调节。与此同时，PLC 根据偏差信号由端子 $Y_2 - Y_7$ 控制接触器的切换动作。

电路的工作过程是：当工作方式开关 SA2 控到"恒压"位置时，将实际压力与给定压力相比较，总管道出水压力不足时，通过 PID 运算控制水压的上升，使水泵转速上升，供水量增加。

当工作方式开关 SA2 拨到"恒速"位置时，系统不考虑给定压力值，而是将变频器的频率设置在 0～50 Hz 之间的任意一个固定值上，水泵恒速运行。

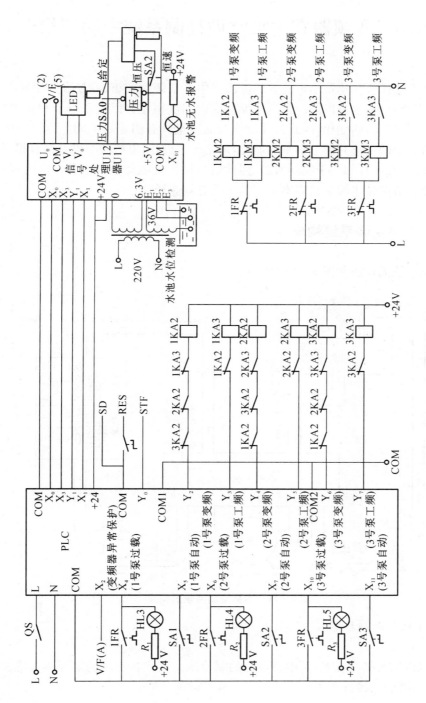

图 8－10　"1"控"3"恒压供水系统控制电路

8.4　变频器在中央空调控制系统中的应用

中央空调是现代公共建筑不可缺少的设施。中央空调为宾馆、商场和写字楼等公共设施提供制冷、制热服务(本节以制冷为例),保持室内温度恒定。但由于季节和昼夜变化,还有些公共设施因开放时间变化,因此公共设施的需冷量具有明显的不同。传统中央空调并不能监测环境温度的变化并调节自身的能耗,加之工艺设计、电机功率设计都有相当的富裕量,即液泵的流量和扬程都大于实际所需,因此造成极大的电能源的浪费。由此可见,对中央空调进行变频节能技术改造是降本增效的一条有效途径。

8.4.1　中央空调系统构成

中央空调系统的构成如图 8‑11 所示。

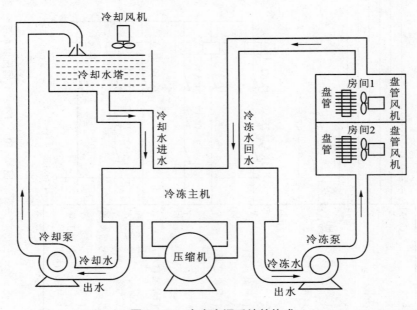

图 8‑11　中央空调系统的构成

1. 冷冻主机与冷却水塔

(1) 冷冻主机

冷冻主机也称为制冷装置,是中央空调的制冷源。通往各房间的循环水由冷冻主机进行内部热交换,降温为冷冻水。

(2) 冷却水塔

冷冻主机在制冷过程中,必然会释放热量,使机组发热。冷却水塔为冷冻机组提供冷却水。冷却水在盘旋流过冷冻主机后,带走冷冻主机所产生的热量,使冷冻主机降温。

2. 外部热交换系统

外部热交换系统由冷冻水循环系统和冷却水循环系统两个子系统构成。

(1) 冷冻水循环系统

冷冻水循环系统由冷冻泵及冷冻水管路组成;从冷冻主机流出的冷冻水由冷冻泵加压送入冷冻水管路,通过各房间的盘管和风机,带走热量,使房间降温。也就是房间的热量被冷冻水所吸收,使冷冻水温度升高。升温后的循环水再经冷冻主机制冷后又成为冷冻水,这样循环不止。从冷冻主机出来的冷冻水称为"出水",流经房间后回流到冷冻主机的冷冻水称为"回水",显然回水温度高于出水温度。

(2) 冷却水循环系统

冷却水循环系统由冷却泵、冷却水管路及冷却水塔组成。冷冻主机在进行热交换时,释放出大量的热量。该热量被冷却水吸收,使冷却水温度升高。冷却泵将升温的冷却水压入冷却水塔,使之在冷却水塔中散热。然后再将降温的冷却水送回到冷冻主机,如此循环不止。

流进冷冻主机的冷却水称为"进水",流出冷冻主机的冷却水称为"出水",而且出水温度要高于进水温度。

(3) 冷却风机

安装在冷却塔上,用于降低冷却水塔中水温、加速出水散热的风机,称为冷却风机。

(4) 盘管风机

安装在房间内,用于将冷冻水盘管的冷气吹入房间的风机,称为盘管风机。

8.4.2　冷却水系统变频调速控制

1. 系统的控制依据

(1) 温度控制

当冷却水出水温度过高超过规定限值 37 ℃时,为有效地保护冷冻主机,整个系统应进行保护性跳闸。在出水与进水温度都很低时,也不允许冷却水断流,因此,在变频调速时应设置一个下限频率,使冷却泵在下限转速运行,而减少冷却水流量。可见,根据从冷冻主机出来的出水温度控制冷却水的流量是冷却水系统变频调速控制的依据。

(2) 温差控制

冷却水从冷冻主机出来的出水温度与进水温度之间的温差 Δt,最能反映冷冻主机发热情况和体现冷却效果。温差 Δt 的大小,反映了冷却水从冷冻主机带走热量的多少。因此,根据温差 Δt 控制冷却水流量,也将作为冷却水系统变频调速的控制依据。

温差大,表明冷冻主机产生热量多,应提高冷却泵的转速,加快冷却水循环速度。温差小,表明冷冻主机产生热量少,应降低冷却泵转速,减缓冷却水循环速度。通常,将温差定位为一个理想范围,称为温差目标值。

经验表明,把温差目标值控制在 3 ℃～5 ℃范围内较为理想,如图 8-12 所示为目标值的取值范围。Δt 表示温差,t_A 表示进水温度。当进水温度低于 24 ℃时,温差的目标值定为 5 ℃;当进水温度高于 32 ℃时,温差的目标值定为 3 ℃;当进水温度在 24 ℃～32 ℃之间变化时,温差的目标值按图 8-12 中曲线自选整定。

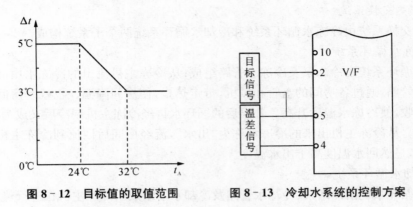

图 8‑12　目标值的取值范围　　　图 8‑13　冷却水系统的控制方案

2. 冷却水循环系统闭环控制

冷却水温度是随环境温度改变的,它并不能准确地反映出冷冻主机产生热量的多少。那么,温差 Δt 显然不可能恒定准确。

工程实际表明,根据进水温度随时调整温差大小的方法是非常可行的。这是采用了温度与温差控制相结合的控制方法。如图 8‑13 所示为冷却水系统控制方案。

当进水温度低时,应主要考虑节能效果。温差的目标值可适当高一些;而当进水温度高时,则必须保证冷却效果,温差目标可以放低一些。如图 8‑14 所示为冷却水系统温差与温度控制原理图,其控制原理如下:

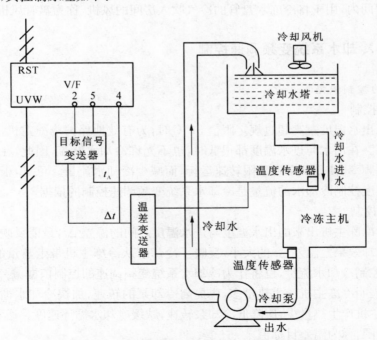

图 8‑14　冷却水系统的温差与温度控制原理图

(1) 反馈信号

在冷却水管路进水和出水口各安装一个温度传感器,用以检测冷却水系统进水和出水温度。并通过温差变送器将其温差信号反馈到变频器,与目标信号相比较。

（2）目标信号

目标信号是与进水温度 t_A 有关的,并与目标温差值成正比的数值。

（3）调节过程

将目标信号与温差信号送入变频器,进行 PID 调节。若温差大,说明冷冻主机产生的热量大,变频器输出频率应上升,提高冷却泵的转速,以增大冷却水循环速度;温差小,说明冷冻主机产生热量小,变频器输出频率应下降,降低冷却泵转速,减缓冷却水循环速度,从而满足节约电能的需要。

8.4.3　冷冻水系统变频调速控制

1. 系统的控制依据

冷冻水系统变频调速方案以压差和温度为两个控制依据。

（1）压差控制

所谓压差控制,就是以出水压力和回水压力之差作为控制依据。这是为了使最高楼层的冷冻水能够保持一定压力,如图 8 - 15 所示。但这种控制方案存在一定弊端。方案中没有把环境温度变化考虑进去,也就是没有考虑冷冻水温度和房间温度等因素。也没有考虑温度、流量与转速等节能问题。

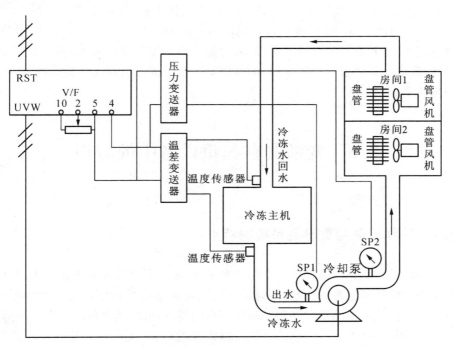

图 8 - 15　冷冻水循环系统

（2）温度控制

冷冻水出水温度通常是比较稳定的,因此,回水温度足以反映房间的温度。在冷冻泵的变频调速系统中,可以根据回水温度进行控制,也就是以回水温度作为反馈信号。

具体做法是用安装在冷冻水系统回水主管道的温度传感器检测回水温度。当回水温度高于给定温度时,说明房间里温度较高。经 PID 调节,变频器输出频率上升,冷冻泵转速提高,加快冷冻水循环速度,使室温降低。反之,当回水温度低于给定温度时,说明房间里温度较低。经 PID 调节,变频器输出频率下降,冷冻泵转速也下降,从而减缓冷冻水循环速度,实现了闭环控制。

2. 系统的控制方案

(1) 压差为主温度为辅的控制

以压差信号为反馈信号进行恒压差控制。而压差的目标值可以在一定范围内根据回水温度量进行适当调整。当房间温度较低时,使压差目标值下降,减小冷冻泵转速,提高节能效果。这种控制方案,既考虑了环境温度因素,又提高了节能效率。

(2) 温度为主压差为辅的控制

以温度信号为反馈信号进行恒温控制,而目标信号可以根据压差信号大小做适当调整。当压差较高时,说明负荷较重,此时应该适当提高目标信号值,增加冷冻泵转速,以保持最高楼层有足够的冷冻水压力。

8.4.4　中央空调变频调速的节能作用

有关资料表明,我国现有电动机装机总容量约 4 亿多千瓦,其用电量占当年全国发电量的 60%~70%。而风机、水泵设备装机总功率达 1.6 亿千瓦,年耗电量非常巨大,约占当年全国电力消耗总量的 1/3。应用变频器后,其节电率一般在 20%~60%,投资回收期 1~2年,企业和社会经济效益相当可观。所以,大力推广应用变频调速技术,不仅是当前推进企业节能降耗、提高产品质量的重要手段,而且也是实现经济增长方式转变和我国可持续发展战略的必然要求。

8.5　变频器在起重设备中的应用

8.5.1　变频调速起重设备系统的特点

起重设备(机械)变频调速系统由变频器和 PLC 及外围电器设备组成。由 PLC 根据系统设置和检测参数控制起重机的起动、制动、停止、可逆运行及调速运行。可使起重机械操作平稳、提高运行效率、消除启动和制动时所产生的机械冲击,还可使电气设备故障率降低、降低电能消耗、提高功率因数。同时,系统可以实现过电流、欠电压及输入缺相等保护。还可以实现变频器超温、超载和制动单元过热等自身保护。

起重机械与其他传动机械相比,对变频器在安全和性能上有着更为苛刻的要求。近 10年来,随着电力电子技术的飞速发展,特别是直接转矩控制技术日臻成熟,很多变频器厂商相继推出了专门针对起重机械的专用变频器,使得起重机的起升机构变频调速更加方便、可靠。

1. 起重机械起升机构的基本组成

起升机构是起重机械的核心部分,它是由卷筒、钢丝绳、减速机、电动机和吊钩等组成,如图 8 - 16 所示。

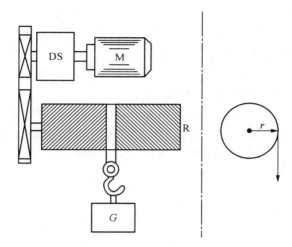

DS—减速机;G—重物;R—卷筒;M—电动机;r—卷筒半径

图 8 - 16　起重机构的组成

2. 起重机械起升机构的转矩分析

在起升机构中存在的三种转矩:

(1) 电动机的转矩 T_M

电动机的转矩 T_M 即电动机的电磁转矩,它是主动转矩,其方向可正可负。

(2) 重力转矩 T_G

重力转矩 T_G 是重物及吊钩作用在卷筒上的力矩,其大小等于重物加吊钩的重量与卷筒半径的乘积

$$T_G = G_r \tag{8-1}$$

T_G 的方向永远向下。

(3) 摩擦转矩 T_0

减速机是靠摩擦转矩传动的,其传动比很大,最大可达 50：1。方向永远与运动方向相反。

3. 升降过程中电动机的工作状态

(1) 重物上升

重物上升完全是电动机正向转矩作用的结果。此时电动机的旋转方向与电磁转矩方向相同,电动机处于电动状态。当重物接近吊装高度降低频率减速时,在频率下降的瞬间,电动机处于再生制动状态,其转矩变为反方向的制动转矩。使转速迅速下降,并以低速重新进入电动状态稳定运行。

(2) 轻载或空钩下降

轻载或空钩下降时,必须由电动机反转运行来实现,电动机的转速和转矩都是负值。当通过降低频率而减速时,在频率下降的瞬间,电动机处于反向再生制动状态,其转矩是正方

向的,以阻止重物下降,使得降速减慢,并重新进入稳定运行状态。

(3) 重载下降

重物因自身的重力下降时,电动机转速将超过同步转速而进入再生制动状态,电动机是反转下降,但其转矩方向却与旋转方向相反,是向上的。此时,电动机的作用是防止重物因重力加速度不断加速下降,而是保持重物匀速下降。在这种情况下,摩擦转矩也阻碍重物下降。所以,相同的重物在下降时的负载转矩比上升时要小。

8.5.2 起升机构拖动系统的技术要求

起重机械的升降机构主要是吊钩,吨位较大的起重机通常配有主钩与副钩。下面以主钩为例说明升降机构对拖动系统的技术要求。

1. 调速范围

一般要求,调速比为

$$a_n = 3 \tag{8-2}$$

如果要求调速范围较大,可以

$$a_n \geqslant 10 \tag{8-3}$$

本着"轻载快速,重载慢速"的原则,升降速度可随负载重量变化而自动切换。

2. 上升时的传动间隙

吊钩从地面或某一放置物体的平面提取重物上升时,必须先消除传动间隙,将钢丝绳拉紧。在无变频调速系统中,这一挡速度称为"预备级速度"。预备级速度不宜过大,否则会使机械冲击力过猛而降低机械使用寿命。

3. 制动方法

吊钩吊着重物在空中停留时,如果没有专门的制动装置,重物很难在空中长时间停留。因此,在电动机轴上应加装机械制动装置。通常采用电磁抱闸和液压电磁制动器等。为确保制动器安全可靠,制动装置均采用动断式电器,在线圈断电时制动器依靠弹簧力量将轴抱死,在线圈通电时释放。

4. 溜钩问题

在重物升、降和停止瞬间,要求制动器必须和电动机紧密配合。由于制动器从抱紧到释放以及从释放到抱紧的动作过程需要大约 0.6 s 的时间,而电动机转矩的产生与消失,是在通电和断电瞬间立即反应的。因此,应该重视两者之间的配合,如电动机已经断电,而制动又没有拖死,则重物必将下降,即出现溜钩现象。这种现象不但会降低起重机械所吊重物在空中的定位,而且还会发生安全事故。

5. 点动功能

起重机械通常需要在空中调整重物的位置,为此,必须设置点动功能。

6. 电动机的选择

在对原有起重机进行技术改造时,对于原有的且较新的三相笼型异步电动机,可以直接选配变频器。如果原有电动机年久失修,可以考虑选用变频专用电动机。

7. 变频器的选择

在起重机械中,多数是带载起动或停车,所以在升、降速过程中,电动机电流较大。故应计算出对应的最大起动转矩及升、降速转矩时的电流。通常变频器的额定电流 I_N 由下式决定

$$I_N > I_{MN}\frac{K_1 K_3}{K_2} \tag{8-4}$$

式中：I_{MN}——电动机额定电流;

　　　K_1——所需最大转矩与电动机额定转矩之比;

　　　K_2——变频器的过载能力,通常取 1.5;

　　　K_3——系统裕度,通常取 1.1。

值得注意的是：对于桥式起重机,主钩与副钩电动机不能共用变频器。

8. 制动电阻估算

在用变频器控制起重机械时,应该在直流制动单元中外接制动电阻。但制动电阻的精确计算是比较复杂的,这里介绍的估算方法能够满足实际工程需要。

① 势能负载的最大释放功率等于以最高转速匀速下降时的电动机功率,其实质就是电动机额定功率 P_{MN}。

② 由于电动机处于再生制动状态下,回馈的电能完全消耗在电阻上。因此,电阻的功率 P_{RB} 应该与电动机额定功率 P_{MN} 相等,即

$$P_{RB} = P_{MN} \tag{8-5}$$

③ 制动电阻接在变频器的直流回路中,电压为 U_D。阻值可按下式计算

$$R_B \geqslant \frac{U_D^2}{P_{MN}} \tag{8-6}$$

④ 制动单元允许电流可按工作电流的两倍计算,即

$$I_{MN} \geqslant \frac{2U_D}{R_B} \tag{8-7}$$

9. 再生电能的处理

超重机械载重物下降时,电动机处于再生制动状态,此时再生电能回馈到变频器。如果处理不当,可造成变频器损坏。近年来,很多变频器制造厂商都研制出将直流电路中的泵升电压回馈给电网的新产品或附件。其基本方式有以下两种：

（1）有源逆变器

有源逆变器也称为回馈单元,如图 8-17 所示。图中 RG 为有源逆变器,端子 P、N 接变频器的直流输出母线端子 P、N。当直流电压超过限值时,有源逆变器将直流电压逆变成三相变流电,回馈到电网中去。

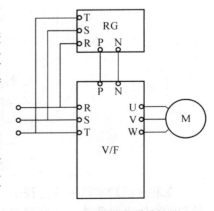

图 8-17　有源逆变器的接法

（2）直流反馈

具有直流反馈功能的变频器,可直接将多余的直流电能回馈到三相交流电网中,如图 8-18 所示。图中,二极管 $VD_1 - VD_6$ 组成三相全波桥式整流电路,与普通变频器的整流电路相同。$VT_1 - VT_6$ 组成三相逆变桥式电路将过高的直流电压逆变成三相交流电压,并回馈给电网。

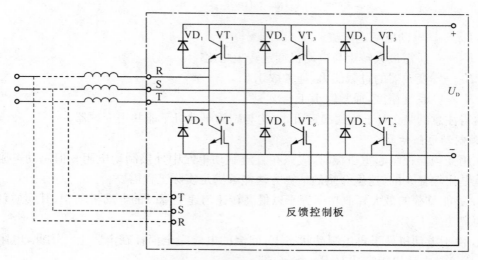

图 8-18 具有直流反馈功能的变频器

10. 公共直流母线

在起重机械中,由于变频器数量多,将所有变频器的整流部分公用,称为公用直流母线方式如图 8-19 所示。采用公用直流母线方式驱动多台变频器,使系统电路形式更加简洁、紧凑。

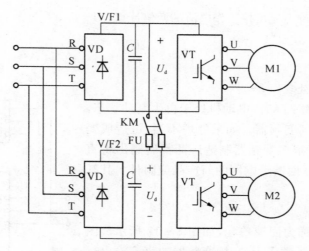

图 8-19 公用直流母线方式

在起升机构重载下降过程中,长时间的制动转矩,可产生再生电能的消耗,一般采用大量制动电阻来吸收或将其回馈到电网中。在图 8-19 所示中,当两个以上的机构同时运行时,若某一机构传动电动机 M1 处于再生制动状态,其再生制动能量可经直流母线直接供给处于电动状态的电动机 M2,这在很大程度上提高了能量的再生利用率。

公用直流母线系统通常由一个整流/有源逆变器加多个变频器组成。整流/有源逆变器为各个变频器提供公共直流母线。当电动机处于减速或重载下降并使直流母线电压升高时,其逆变桥开始工作并将再生制动能量回馈至电网,从而使系统实现可逆运行。

8.5.3　变频器在起置设备中的应用实例分析

1. 控制方案

（1）控制方式

为了确保起重设备（机械）在低速运行时有足够的转矩,应采用带转速反馈的矢量控制方式。在定位要求不高的场合也可采用无反馈的矢量控制方式。

（2）起动方式

为了满足吊钩及重物从地面或平台上提升,需要先消除上升中的传动间隙,将钢丝绳拉紧,故采用 S 形起动方式为宜。

（3）制动方式

应采用再生制动、直流制动以及电磁机械制动相结合的制动方式。

（4）点动方式

调整重物在空间位置,应采用点动方式,且需要单独控制,但点动频率不宜过高。

（5）调速要求

变频器调速是无级调速,完全可以采用外接电位器来调节转速。但为了便于操作人员掌握,采用左右各若干挡转速控制方式为宜。

2. 电路分析

某桥式起重机械变频调速控制电路如图 8-20 所示。系统采用日本安川 G7 系列变频器进行调速控制。以变频器为核心,结合 PLC 控制,使得控制电路简单、可靠。

其控制电路具有以下主要特点:

① 按钮 SB1、SB2 控制接触器 KM1,由 KM1 控制变频器的电源。

② PLC 的输出端子 Y_4、Y_5 分别接入变频器输入端子 S_1、S_2,控制电动机的正、反转及停车。

③ 由接触器 KMB 控制制动电磁铁 YB,KMB 的动作是根据起重机械在升、降或停止过程中的需要来控制的。

④ SA 是操作手柄。在正、反两个方向共设 7 挡转速。正转时采用接近开关 SQR2 作为限位控制;反转时采用接近开关 SQR1 作为限位控制。

⑤ SQF1、SQF2 是吊钩最高限位控制开关。

⑥ 按钮 SB3、SB4 是作为正、反方向的点动控制。

⑦ 采用旋转编码器 PG 测量电动机转速,然后反馈给变频器,作为有速度传感器矢量控制方式的反馈信号。

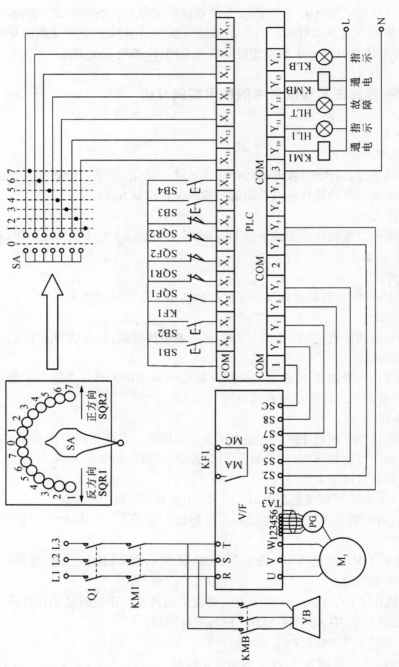

图 8 - 20 桥式起升机械的变频调速控制电路

8.6　变频器在电梯控制中的应用

电梯是一种垂直运输机械,目前广泛用于住宅、商场等高层建筑中。电梯的种类大致可分为绳索式电梯和液压式电梯两大类别。无论是哪一类电梯,基本上是采用变频器进行调速控制的。为了达到节电和改善系统控制质量及运行效率的目的,均采用了 PLC 与变频器结合的最佳控制方法。

8.6.1　电梯传动系统组成

1. 电梯基本构成

电梯驱动机构示意图如图 8 - 21 所示。它是由轿厢、配重物体、导轮和曳引机等组成,其动力由三相异步电动机提供。为平衡载重量,钢丝绳一端是轿箱,另一端是配重物体。

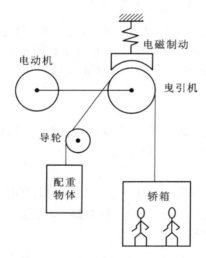

图 8 - 21　电梯驱动机构示意图

配重物体的重量随电梯载重量大小而定。计算方法是:

$$配重的重量 = (载重量 /2 + 轿箱自重) \times K$$

K 是平衡系数,一般取 45% ～ 50%。

曳引机是用来调速、摩擦驱动曳引钢丝绳以及停车时的制动。

这种结构的电梯载重量大,安全系数高。在电梯重载上、下行以及轻载上、下行时,为了满足乘客的舒适感和平层精度,要求电动机在各种负载下都有良好的调速性能和准确的停车性能。

2. 电梯工作过程

① 假定电梯位于某层且处于关门待行状态,门外呼叫电梯,人进入轿厢。经延时或接

到手动关门指令,电梯关门。

②接受轿箱内选层指令,判断上行与下行。假定为上行方向,接通电磁制动器线圈,使其释放。电梯按给定升速曲线上行。

③在上行过程中,速度给定信号不断地与反馈信号相比较,且不断地进行调整,使速度曲线尽量符合理想的运行曲线,而达到平稳运行。

④在上行过程中,轿厢位置传感器每经过一个楼层就检测到一个楼层信号,并且核对一下位置,更换一次楼层显示数字。

⑤在上行过程中,不断地搜索呼叫信号。若搜索到呼叫信号且即将到达时,经延时,轿厢开始减速运行,隔磁板插入平层传感器,当检测到平层信号后,电梯进一步减速,达到平层位置时,电梯停止运行。

⑥电磁制动器断电抱闸,电梯停稳并发出开门信号,电梯开门。

3. 对升降速的要求

乘客乘坐电梯的舒适度主要取决于加速度的大小,为减小加速度,须采取以下几点措施:

①起动、制动必须平稳,加速度一般控制在 0.9 m/s^2 以下,并采用 S 形升、降速方式。

②上、下行的速度通常要求在 $30 \sim 105 \text{ m/min}$。

③将要起动或停车时,在开始升速或减速时,有一种冲击感,这是由于启动或制动转矩过大造成的。为了消除这种感觉,在某些电梯专用变频器中,增加了"S形转矩控制模式",在起动与停车时逐渐增加或减小转矩,使乘客无冲击感。

4. 电动机工作状态

(1)轿厢满载

轿厢满载时,轿厢重量大于配重物体重量。当轿厢上升时,电动机正转,为电动状态。当轿厢下降时,电动机反转,为再生发电状态。

(2)轿厢轻载

轿厢轻载时,轿厢重量小于配重物体重量。当轿厢上升时,由于配重物体重力作用,它将拉着轿厢上升,电动机正转。这时实际转速超过同步转速,处于再生发电状态。当轿厢下降时,电动机处于反转电动状态。

5. 电梯变频调速主电路

电梯变频调速主电路如图 8-22 所示。

(1)变频器输入侧

变频器输入侧安装的交流电抗器 AL1 和直流电抗器 DL,用于减小高次谐波电流并提高功率因数。同时,也相应减小了电源电压不平衡所带来的影响。为抑制高频噪声,输入侧加装了噪声滤波器 ZF1。

(2)变频器输出侧

当变频器与电动机距离较长(超过 20 m)时,输出侧应该加装交流电抗器 AL2,以防止因线路过长增大的分布电容而引起的过电流。同时也加装噪声滤波器 ZF2。

(3)制动

由于电梯在重载下降时,处于再生发电状态。因此,有必要外接制动电阻 R_P 和制动单元 BV。同时,为安全考虑,有必要安装电磁制动器 YB。

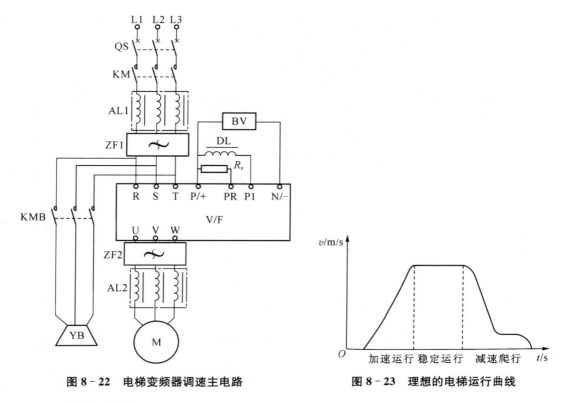

图 8 - 22　电梯变频器调速主电路　　　　　　图 8 - 23　理想的电梯运行曲线

6. 控制电路特点

① 电梯运行过程中,给定信号不断地与速度比较,并且不断地进行速度校正,使之尽量接近理想的电梯运行曲线。如图 8 - 23 所示为理想的电梯运行曲线。

② 设置位置检测信号,随时判断轿厢的当前位置,并根据轿厢的当前位置、运行状态、运行方向以及接收到的呼梯指令来判断下一站要停的楼层,算出与当前位置的距离,并根据当前的速度来决定加速运行还是减速爬行。

③ 控制电路必须随时搜索电梯当前位置、速度信息、手动或自动信息、呼梯信息以及平层信息等。

8.6.2　变频调速电梯实例分析

变频器不仅具有良好的调速性能,而且可节约大量电能。如图 8 - 24 所示为变频调速电梯的电气原理图。下面以电梯变频调速专用设备为例,说明变频器调速控制电梯的电气传动系统电路原理。

电梯电气系统构成如下:

1. 整流与回馈电路

整流与回馈电路具有两个功能:一是将电网三相交流电整流为直流电,向逆变器提供直流电源;二是在减速或制动时,将电动机再生电能回馈电网。因为主电路所用器件是IGBT或IPM模块,根据系统运行状态,既可以作为整流器使用,又可以作为有源逆变器

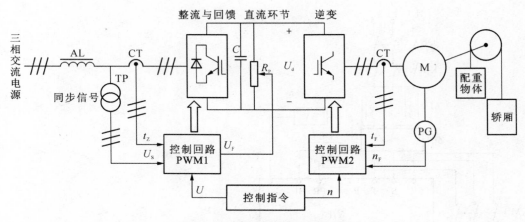

图 8 - 24 变频调速电梯电气原理

使用。

2. 逆变电路

逆变电路所用器件也是 IGBT 或 IPM 模块,向交流电动机提供三相交流电。

3. 检测电路

CT 为电流互感器,检测变频输出电流,TP 用检测电网同步信号,电位器 R_P 用于检测直流回路电压。

为了满足电梯的控制要求,变频调速系统通过与电动机同轴连接的旋转编码器,来完成对速度的检测及反馈,形成闭环系统。

4. 控制电路

控制电路由计算机或 PLC 组成,控制电路主要用于发出电气传动系统所需的各项指令,包括运行速度、电流以及位置控制等。同时产生 PWM 控制信号,并具有自诊断功能。

PLC 完成系统的逻辑控制,负载处理各种信号的逻辑关系,从而向变频器发出起、停等信号。同时,变频器也将工作状态信号送给 PLC,形成双向联络关系,它是系统的核心。

8.6.3 自动扶梯技术改造简介

自动扶梯广泛用于大型商场、机场、车站和宾馆等公共场所。但由于其使用场合的特殊性,部分扶梯经常空载运行,必然浪费大量电能,同时也使扶梯的电动机、减速机、扶手带等产生不必要的磨损。

1. 自动扶梯变频节能运行原理

自动扶梯在空载状态下的运转是一种很大的浪费。因此,在人员进出相对不频繁的场所,是否能让自动扶梯自动检测到空载状态后,使扶梯由全速运行减至半速运行? 基于上述思想,在自动扶梯检测到空载状态一段时间后,将由全速运行逐渐减速直到停止运行。这便可节约电能 30%~50%。当有乘客踏上自动扶梯床盖板时,扶梯可通过设置在床盖板入口处的光电感应装置自动感知乘客的到来,开始全速运转。

2. 全自动扶梯节能改造方案

改造的总体原则是在不影响扶梯正常使用的前提下,引入无速度传感器矢量控制变频调速控制。变频器根据传感器的检测信号,在有人乘坐时,扶梯按原有设计速度运行,当无人乘坐时,扶梯减速或停止运行。

变频器主要是用来调整扶梯转速、起动和运行平稳。在无人乘坐时,经过延时,系统自动转入爬行运行,以达到节能目的。将扶梯入口处安装光电开关,有乘客时,光电开关发出信号,扶梯经变频调速至额定速度运行。当全部乘客离开扶梯后,扶梯会自动进入低速运行状态待客。这样即可省电能又能减少机械磨损、延长设备使用寿命。

3. 对变频器的要求

系统要求启动运行平稳、无抖动,要求变频器启动转矩大,过载能力强。本着以人为本的原则,要求变频器要有完善的硬件设计及保护功能,提高系统的安全可靠性。低速运行时不影响转矩大小,且转矩波动小、低噪声,提高乘坐的舒适性。采用软件化控制,可使外围设备简单,降低设备的成本。

4. 变频调速特点

采用变频调速技术后,在很大程度上降低了扶梯起动时对电网的冲击,可有效改善电网的功率因数,降低无功损耗。在技术改造中,应考虑变频系统与原系统的并存,便于系统在发生故障时相互切换,不影响用户的使用。借用原系统的安全条件,加上变频器自身的安全环节使得改造后的系统更加安全可靠。

扶梯节能改造的设备费用与电能节约和机械磨损的费用相比,投入并不大,短期内即可收回投资。因此,扶梯变频改造技术不仅能提高现有扶梯的安全性能,而且还具有显著的经济效益和社会效益。

8.7 变频器在啤酒灌装生产线上的应用

啤酒灌装机属于压力灌装机,啤酒在高于大气压力的环境下进行灌装。压力灌装机适用于含气体的液体灌装,如啤酒、汽水、香槟酒等。灌装生产线的主要程序是:装有空瓶的箱子堆放在托盘上,由交流异步电动机驱动的输送带送到卸托盘机,将托盘逐个卸下,箱子随输送带进到卸箱机中,将空瓶从箱子中取出,空箱经输送带送到洗箱机,清洗干净后,再输送封装箱机旁,以便将盛有啤酒的瓶子装入其中。从卸箱机取出的空瓶,由另一条输送带送入洗瓶机清洗和消毒,经瓶子检验机检验,符合清洁标准后进入灌装机和封盖机。啤酒由灌装机装入瓶中。装好啤酒的瓶子经封盖机加盖封住并输送到贴标机贴标签,贴好标签后送至装箱机装入箱中,再送到堆托盘机堆放在托盘上送入仓库。

总之,从洗瓶到灌装,都是在输送带上完成的。为提高灌装效率,便于随时调整输送带的速度,采用变频器和PLC控制是极为有效的控制手段。

8.7.1 系统的组成

1. 工艺流程及控制方案

啤酒灌装生产线工艺流程示意图如图8-25所示。啤酒灌装生产线实质上就是带式输送机,其负载机械特性为恒转矩。根据生产工艺要求,灌装机前面的输送带分成 A 段、B 段、C 段、D 段、E 段。M_1、M_2、M_3 分别为 A、B、C 段输送带的拖动电动机。D 段输送带与灌装机形成机械联动,E 段输送带由另一电动机拖动。

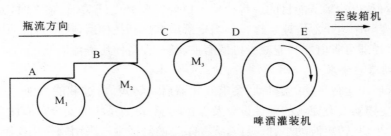

图 8 - 25　啤酒灌装生产线工艺流程示意图

　　各段输送带上均安装有光电传感器,检测空瓶流动速度。PLC 根据空瓶流动速度,控制变频器输出频率,调整各段输送带的速度,使整个系统协调工作。

　　2. 电气控制系统组成

　　电气控制系统原理图如图 8 - 26 所示。采用 4 台三菱 FR - A540 系列变频器和 1 台三菱 FX2N 型 64MR PLC 以及外围电器组成控制系统。1 号、2 号和 3 号变频器分别控制电动机 M_1、M_2、M_3(主回路接线图略)。FMA、11 是来自灌装机变频器(图中未画出)0~10 V 的输出信号,经过线性电压隔离器的转换作为 1 号、2 号和 3 号变频器的控制信号。

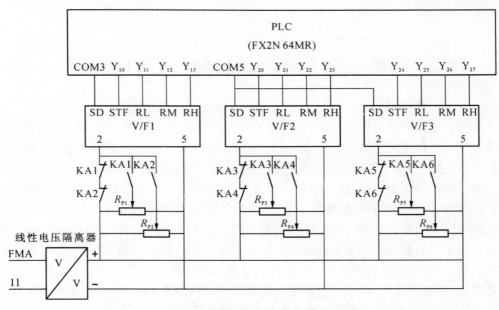

图 8 - 26　灌装机的电气控制系统原理图

　　R_{P1}—R_{P6} 为分压电位器。如图 8 - 26 所示为 PLC 控制的辅助继电器控制电路,图中 KA1—KA6 为辅助继电器(PLC 的输入端子略)。图 8 - 26 与图 8 - 27 中的 PLC 为同一个 PLC。图 8 - 27 中的 COM6 接直流 24 V 电压,控制辅助继电器。

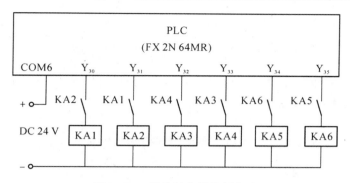

图 8 - 27　辅助继电器控制电路

8.7.2　电气控制原理

1 号、2 号和 3 号变频器的调速控制方式有如下两种：

1. 模拟量控制方式

来自灌装机主机变频器的模拟信号电压为直流 0～10 V，经过线性电压隔离器输出模拟电压信号，再经过电位器分压作为 1 号、2 号和 3 号变频器的给定信号，进行开环调速，以控制电动机 M_1、M_2、M_3，这样可做到输送带与灌装机速度很好匹配。模拟信号控制是通过辅助继电器 KA1 和 KA2、KA3 和 KA4、KA5 和 KA6 的组合来实现的，经 PR1、PR2、PR3、PR4、PR5、PR6 分压来控制变频器的输出频率。在模拟控制方式的调整中，电位器分压比的调整是关键，在调试中通过反复摸索，找出比较好的速度匹配。分压比一旦调好，就不能再随意改动。

2. 多挡速度控制方式

通过 PLC 编程，由 PLC 发出控制信号实现多挡速度控制。PLC 根据灌装机操作台发出的信号判断使用哪种速度控制方式，又根据瓶流情况选择高速或低速运行。PLC 的输出端子 Y_{10}、Y_{11}、Y_{12}、Y_{13}、Y_{20}、Y_{21}、Y_{22}、Y_{23}、Y_{24}、Y_{25}、Y_{26}、Y_{27} 分别调节各个变频器的输出频率，以达到多段输送带的速度协调，并与灌装机速度匹配。以 1 号变频器为例，PLC 的输出端子 Y_{10}、Y_{11}、Y_{12}、Y_{13} 用于多挡速度控制。当 Y_{10}、Y_{11} 有输出时，变频器为低速运行；当 Y_{10}、Y_{12} 有输出时，为中速运行；当 Y_{10}、Y_{13} 有输出时，为高速运行。2、3 号变频器的控制原理与此相同。三挡速度分别设置为 15 Hz、30 Hz、45 Hz。

KA1 闭合时变频器高速运行，KA2 闭合时变频器低速运行。当 KA1、KA2 都断开时，变频器为最高速运行。通过编程，PLC 根据操作台发出的信号，选择控制模拟量调速或多挡速度调速的控制方式。三菱变频器的多挡速度调速比模拟量调速有较高的优先级，这是在 PLC 编程中应该注意的问题。

8.7.3　变频器的选择及参数设置

1. 变频器容量选择

根据输送带的电动机容量来选择变频器容量。输送带电动机是在额定功率以下工作的,因此,选择比电动机稍大容量的变频器即可。

2. 变频器参数设置

（1）起动频率

考虑停机时会有空瓶在输送带上,为起动平稳,减小机械冲击力,防止由于加速度过大使空瓶滑倒,起动频率通常设置为 5~10 Hz。

（2）加、减速时间

为了灌装机与输送带协调工作,加、减速时间应适当设置长一些。

加速时间：Pr. 7＝10 s

减速时间：Pr. 8＝2 s

（3）多挡速度设置

输入端子 RL、RM、RH 功能设置

Pr. 180＝0

Pr. 181＝1

Pr. 182＝2

（4）各段频率设置

低速 RL　Pr. 6＝15（Hz）

中速 RM　Pr. 5＝30（Hz）

高速 RH　Pr. 4＝45（Hz）

工程实践表明,采用变频器与 PLC 控制,做到了输送带速度与灌装机速度的最佳匹配,运行稳定可靠,提高了生产效率,完全满足了啤酒灌装生产线输瓶带的调速要求。由此可见,这种控制方式也可用于其他需要速度配合的电动机变频调速系统。

8.8　变频器在龙门刨床上的应用

在机械加工行业中,龙门刨床被广泛应用于大工件的加工。传统龙门刨床采用交磁放大直流电动机拖动的调速控制,设备造价高,效率低。如果将龙门刨床的刨台采用交流电动机拖动,且用变频器调速,则其节能效果极为显著。

8.8.1　龙门刨床的机械运动

被加工件固定在龙门刨床的刨台上,工件与刨刀之间做相对运动。刨刀除进给运动外,在加工过程中是不动的。因此,龙门刨床的机械运动就是刨台频繁的往复运动。而往复运动周期,就是指刨台做往复运动一次的速度变化过程。以国产 A 系列龙门刨床为例,其往复运动周期如图 8-28 所示。图中,u 为线速度,t 为时间。在 t_1—t_5 时间段的工作状态如下：

t_1 段为刨刀切入工件阶段。刨刀在切入工件的瞬间,刨刀受到冲击易造成工件或刨刀崩坏。为减小冲击,此时速度 v_0 应较低；t_2 段为切削阶段,刨台加速到正常切削速度 v_f；t_3 段为刨刀退出工件阶段,为防止工件边缘被崩坏,所以将刨台速度又降低为 v_0；t_4 段为返回阶段,返回过程是不切削工件的空行程,为节省返回时间,提高加工效率,返回速度应尽可能快些,其返回速度为 v_r;t_5 段为缓冲阶段,返回行程将要结束,在返回到工作速度之前,为减小对传动机构的冲击,还应将速度降低为 v_0;然后,再进入下一个周期,重复上述过程。

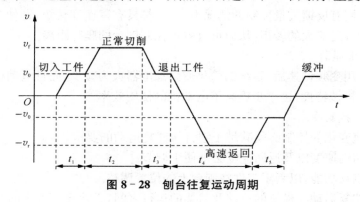

图 8-28　刨台往复运动周期

8.8.2　龙门刨床变频调速系统的组成

1. 刨床的机械特性

刨床允许的最大切削力是随刨台速度的增大而减小的,因此刨床是具有恒功率性质的负载。为充分发挥电动机潜力,电动机工作频率应该适当提高到额定频率以上,使其机械特性工作在恒功率状态。

2. 变频调速系统的组成

采用变频调速的刨床拖动系统,其主拖动系统只需一台交流电动机即可,与传统直流电动机拖动刨床相比较,系统的结构就简单多了。如图 8-29 所示为刨台变频调速系统示意图。图中,由专用接近开关 S1、S2、S3 检测到的刨台往复运动信号,送入 PLC 的输入端,PLC 的输出端控制变频器,以调整刨台在往复运动中各段时间的运行速度。

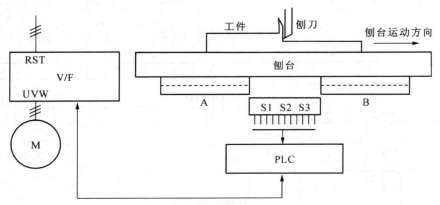

图 8-29　刨台变频调速系统示意图

3. 变频调速的特点

(1)减小静差率

由于采用有反馈的矢量控制,电动机调速后的机械特性很硬,其静差率可小于 3%。

（2）具有转矩限制功能

在电动机严重过载时，可将电流限制在一定范围内。

（3）容易控制爬行距离

变频器在采用有反馈矢量控制的情况下，一般都具有零速度转矩，即使频率为 0 Hz，负载转速为 0 也会有足够大的转矩，从而可有效地控制刨台的爬行距离。

（4）节能效果显著

拖动系统采用变频调速后，系统的简化使附加电器大为减少，而且电动机的机械特性也十分接近负载的机械特性，进一步提高了电动机的使用效率。

4．对刨床的控制要求

① 刨台转速变化的控制必须满足于刨台做往复运动的要求。

② 刨床的切削速度以及返回速度必须便于调节。

③ 需设置点动功能，以利于工件在刨台上的位置调整。

④ 刨台的往复运动与横梁的位移及刀架的运行之间，必须要有可靠的互锁。油泵电动机需要与刨台电动机互锁。因为，只有在油泵正常工作情况下才允许刨台往复运动。如果在刨台往复运动过程中，油泵电动机发生故障停机，则刨台不允许在切削中间位置停止，而必须等刨台返回到起始位置时才能停止运行。

8.8.3　刨台变频调速系统工作原理

如图 8-30 所示为刨台的变频调速系统电路原理图。

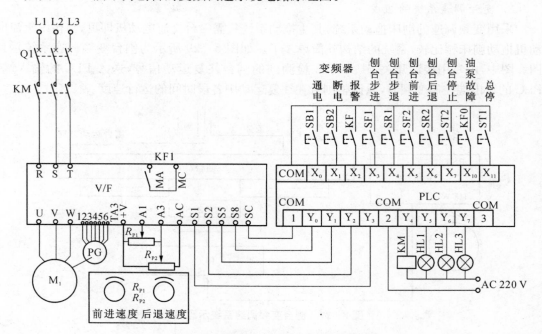

图 8-30　刨台变频调速系统电路原理图

1. 变频器的通、断电方式

空气开关 Q1 为系统电源总开关,SB1 为起动按钮。当空气开关 Q1 合闸时,按下 SB1,接触器 KM 得电吸合,变频器通电;SB2 为变频器断电按钮,按下 SB2,接触器 KM 失电,使变频器断电,通、断电由指示灯 HL1 显示。

2. 刨台速度调节方式

电位器 R_{P1} 用来调节刨床的切削速度,R_{P2} 用来调节刨台的返回速度。变频器设置点动频率来控制刨台的"步进"和"步退"的速度。SF1、SR1 为刨台"步进"和"步退"点动控制按钮。

3. 往复运动的起动

SF2、SR2 为刨台往复运动的起动按钮,具体按哪个按钮,可根据刨台所在的初始位置选择。

4. 故障处理

变频器发生故障时,异常输出触点 KF 吸合,PLC 将使刨台在往复周期结束之后,停止刨台的继续运动,同时指示灯 HL2 报警。

5. 停机

ST2 为正常情况下的停机按钮,按下 ST2,刨台应在一个往复周期结束之后才切断变频器电源。ST1 为紧急情况下刨台停止控制按钮。

8.9　高压变频器在炼铁厂除尘系统中的应用

在高炉炼铁过程中,出铁厂不可避免会产生大量烟气、灰尘,也含有相当一部分的有害物质,对这些烟气、灰尘进行处理,为此炼铁工艺设备中必不可少的一种设备就是除尘风机。通过除尘风机把产生的烟气、灰尘吸入到除尘设备中进行处理,再排入大气中。根据炼铁工艺,每一个冶炼周期,在出铁时烟气、灰尘很大,出完铁 10~20 分钟后,出铁厂基本没有烟气、灰尘,因此除尘风机只有出铁时电机、风机处于全负荷,其他时间除尘风机的电机可以处于低速运行状态。

1. 高压节能设备选型

炼铁厂高炉除尘风机的电机型号　YKK560-6　800 kW

10 000 V　54.7 A　993 转/分

LPH-10-6-800 高压智能化节能设备,该设备采用西门子罗宾高的高压变频器,加上 LPH-10-6-800 控制主板及 LP 控制软件,减少了电网的谐波污染,不存在因谐波引起的电机发热、转矩脉动、噪音、共模电压等。

2. 系统结构图

为了确保除尘风机的高压系统可靠运行,采用旁路技术,增加一旁路柜,将高压变频器、隔离开关安装在柜中。详细见图 8-31。

旁路柜中有三个隔离开关 K1、K2 和 K3,其中 K2 和 K3 为一个双刀双投的隔离开关。双刀双投隔离开关的特点是两个方向只能合其一,实现机械互锁,防止误操作将工频电源反送到变频器输出侧而导致变频器损坏。

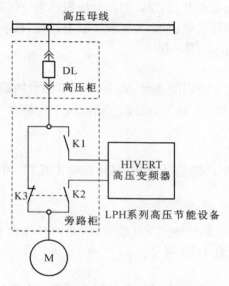

图 8 - 31　系统结构图一次回路图

变频运行：K1、K2 闭合，K3 断开，由合闸断路器 DL 为变频器供电，再通过变频器本地或远程启动电机变频运行。

工频定速运行：K1、K2 断开，K3 闭合，由合闸断路器 DL 直接启动电机定速运行。

变频器维护、修理：K1、K2 断开，变频器与高压电源完全隔离。

旁路柜与上级高压断路器 DL 有联锁关系，旁路柜隔离开关未合到位时，不允许 DL 合闸，DL 合闸时，绝对不允许操作隔离开关，以防止出现拉弧现象，确保操作人员和设备的安全。隔离开关与 DL 的联锁通过操作手柄上的电磁锁实现，在 DL 合闸状态下，操作手柄被锁死。

为了保护变频器，在变频器与断路器 DL 之间还有电气联锁，联锁信号有：合闸闭锁、故障分闸。

3. 高压变频原理

LPH 系列高压智能化节能设备采用交—直—交直接高压(高—高)方式，主电路开关元件为 IGBT。由于 IGBT 耐压所限，无法直接逆变输出 10 kV，且因开关频率高、均压难度大等技术难题无法完成直接串联。LP 牌高压智能化节能设备采用功率单元串联，叠波升压，充分利用常压变频器的成熟技术，因而具有很高的可靠性。隔离变压器为三相干式整流变压器，风冷，有使用寿命长、免维护等优点。变压器原边输入可为任意电压，Y 接；副边绕组数量依变频器电压等级及结构而定，10 kV 系列为 27 个，延边三角形接法，为每个功率单元提供三相电源输入。为了最大限度抑制输入侧谐波含量，同一相的副边绕组通过延边三角形接法移相，由于为功率单元提供电源的变压器副边绕组间有一定的相位差，从而消除了大部分由单个功率单元所引起的谐波电流，并且能保持接近 1 的输入功率因数。三相输出 Y 接，得到驱动电机所需的可变频三相高压电源。

4. 二次回路及控制

控制系统由控制器，I/O 板和人机界面组成。控制器由三块光纤板，一块信号板，一块主控板和一块电源板组成。各部分之间的联系如图 8-32 高压智能化节能设备控制系统结构图所示。

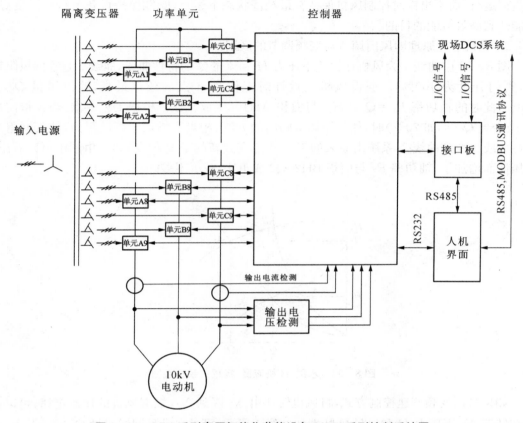

图 8-32　LPH 系列高压智能化节能设备 10KV 系列控制系统图

　　人机界面为用户提供友好的全中文操作界面,负责信息处理和与外部的通讯联系,可选上位监控而实现变频器的网络化控制。通过主控板和 I/O 接口板通讯来的数据,计算出电流、电压、功率、运行频率等运行参数,提供表计功能,并实现对电机的过载、过流告警和保护。通过 RS232 通讯口与主控板连接,通过 RS485 通讯口与 I/O 接口板连接,实时监控变频器系统的状态。

　　I/O 接口板用于变频器内部开关信号以及现场操作信号和状态信号的逻辑处理,增强了变频器现场应用的灵活性。

　　5. 节能原理分析

　　1) 节能分析

　　除尘风机主要用于将高炉出铁厂产生的烟气、灰尘吸入布袋除尘处理,将灰尘过滤后,烟气从烟囱中排放。

　　该系统在设计时首先要满足高炉在出铁时最大负荷的需求及运行情况下电机和负载都是按照最大负荷的 1.2～2.5 倍来设计的,由于炼铁出铁厂除尘系统基本上额定转速工频运行,而高炉的整个炼铁流程中,炼铁过程占整个流程的三分之二,出铁过程占整个流程的三分之一,即只有出铁时才需要风机满负荷工作。在炼铁时风机基本上处于轻载运行,这样大大的浪费了能源,对除尘风机及电机造成无谓的磨损。LP智能化节能设备通过对高炉出铁口进行远程控制,在出铁厂加装红外线检测仪,及时检测出铁口状况,控制风机在出铁时满负荷运行,而不出铁时控制风机保持在最经济状态下运行,既能保持设备运行状况良好,又能达到高效节能的目的。

2) 风机节能原理即风门调节与变频调节的区别

图 8 - 33 中曲线 1 为风机在恒速下压力 H 和流量 Q 的特性曲线,曲线 2 是管网风阻特性(阀门开度为 100%)。假设风机在设计时工作在 A 点的效率最高,输出风量 Q_1 为 100%,此时的轴功率 $P_1 = Q_1 \times H_1$,与面积 AH10Q1 成正比。根据工艺要求,当风量需从 Q_1 减少到 Q_2(例如 70%)时,如采用调节阀门的方法,相当于增加了管网阻力,使管网阻力特性曲线 2 变到曲线 3,系统由原来的工况 A 点变到新的工况 B 点运行,由图中可以看出,风压反而增加了,轴功率 P_2 与面积 BH20Q2 成正比,减少不多。

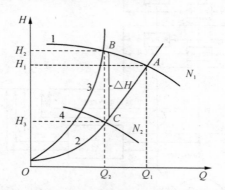

图 8 - 33　水泵、风机流量、扬程关系曲线图

如果采用变频调速控制方式,将风机转速由 N_1 降到 N_2,根据风机的比例定律,可以画出在转速 N_2 下压力 H 和风量 Q 特性如曲线 4 所示,可见在满足同样风量 Q_2 的情况下,风压 H_3 将大幅度降低,功率 P_3(相等于面积 CH30Q2)也随着显著减少,节省的功率 $\Delta P_2 = \Delta H Q_2$ 与面积 BH2H3C 成正比,节能的效果是十分明显的。

由流体力学可知,风量 Q 与转速的一次方成正比,风压 H 与转速 N 的平方成正比,轴功率 P 与转速的立方成正比,当风量减少,风机转速下降时,其功率下降很多。

3) 液力耦合器调速与变频调速的区别

液力耦合器是通过控制工作腔内工作油液的动量矩变化,来传递电动机能量并改变输出转速的。电动机通过液力耦合器的输入轴拖动其主动工作轮,对工作油进行加速,被加速的工作油再带动液力耦合器的从动工作涡轮,把能量传递到输出轴和负载,这样,可以通过控制工作腔内的油压来控制输出轴的力矩,达到控制负载的转速的目的。因此液力耦合器也可以实现负载转速无级调节,在变频器未应用以前,液力耦合器不失为一种较为理想的交流电机调速方式。

液力耦合器从电动机输出轴取得机械能,通过液力变速后送入负载,其效率不可能为1;变频器从电网取的电能,通过逆变后送入电动机,其效率也不可能是1;在全转速范围内,变频器的效率变化不大,变频器在输出低转速下降时效率仍然较高,例如:100%转速时效率97%,75%转速时效率大于95%,20%转速时效率大于90%;液力耦合器的效率基本上与转速成正比,随着输出转速的降低,效率基本上成正比下降。例如:100％转速时效率 95％,75％转速时效率约 72％,20％转速时效率约 19％。液力耦合器用于风机、泵类负载,由于其轴功率与转速的三次方成正比,当转速下降时,虽然液力耦合器效率与转速成正比下降,但电动机综合轴功率还是随着转速的下降成二次方比例下降,因此在变频器取代液力耦合器调速时,计算节能时,电机轴功率与转速的一次方成正比。

6. 系统调试中的问题及解决办法

在高压变频器通电之前,对进线变压器进行耐压实验,可分三次以上不同的时间进行,完成之后,才能对高压变频器通电进行调试。调试时的速度由变频器直接输出,从 10％到 100％的额定速度,分段进行速度给定,这期间注意高压变频器及电机等设备运行情况。当运行正常后,即可开始连接风机带负荷运行,速度也是由 10％到 100％的额定速度给定分阶段进行升、降速。在此阶段必须调节好高压变频器的升、降速时间,不能过快,否则变频器会报故障而停机,甚至会烧坏 IGBT 模块。针对除尘风机情况,一般升速时间在 70 秒左右,降速时间在 100 秒左右,这样即保证了生产工艺要求的快速升降速度,又保护了变频器不会损坏。

变频器的速度输出是由外部给定的模拟信号来控制的,因此,在调试中必须确保模拟信号的稳定性。变频器设备会产生较大的电磁干扰信号,对于模拟信号的传输影响很大。因此,设计、施工时做好接地工作,选用屏蔽电缆之外,最好对信号电缆穿铁管加以屏蔽。信号类型选择电流信号而不要选用电压信号。

8.10　防爆变频技术在钢缆皮带中的应用

钢丝绳牵引带式输送机是现代化煤矿高产高效的主要运输设备。在大型钢丝绳牵引式输送机多电机多滚筒的拖动系统中,拖动方式以直流拖动、交流绕线电机串级调速、交流绕线电机转子串电阻调速拖动等为主,显然较为落后,也很难实现防爆要求。

针对钢丝绳牵引带式输送机对拖动技术的特殊要求,采用隔爆兼本安四象限变频控制满足以下要求:

起动平稳,可满载起动;

调速方便,可实现运人、运料、验绳等多种速度;

负力提升时能自动进入电气制动运行状态,再生能量通过回馈电网实现电气制动;

处理事故或检修时可逆运行;

必须设置可靠的各种安全保护装置;

维护量小。

图 8-34 所示是隔爆兼本安四象限变频控制的钢缆皮带电控系统框图,VFD12 - VFD42 是四个变频器,其中 2 表示变频器,1 - 4 分别表示变频器的号,例如 VFD12 表示 1♯ 变频器。

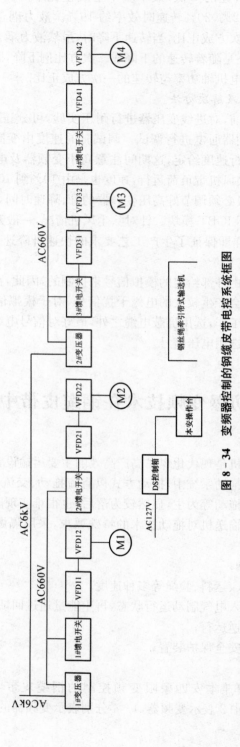

图 8 - 34　变频器控制的钢缆皮带电控系统框图

8.10.1　本系统的构成

本系统由拖动部分、控制部分及相关传感器等部分构成。

1. 拖动部分

由于直流电机及绕线电机在维护方面较为复杂，人们一直在寻求符合以上传动要求的交流鼠笼电机的大功率驱动系统，磁通矢量控制的隔爆变频器的出现，为煤矿提供了符合钢丝绳牵引带式输送机拖动要求的最佳拖动设备。

在本系统中最关键的是拖动系统，而变频器又是拖动系统的核心，本系统设计采用无速度传感器磁通矢量控制的变频器拖动系统。

1）本系统采用磁通矢量控制变频器

变频器采用 SPWM 磁通矢量控制方式，实现精确的磁场定向矢量控制需要在异步电动机上安装精密的测速装置，但在井下钢丝绳牵引带式输送机上安装测速装置是很困难的，同时会增加系统的维护量。SPWM 磁通矢量控制的基本控制思想是根据输入的电动机的参数，按照一定的关系式分别对作为基本控制量的励磁电流（或者磁通）和转矩电流进行检测，并通过控制电动机定子绕组电压的频率使励磁电流（或者磁通）和转矩电流的指令值检测值达到一致，并输出转矩，从而实现矢量控制。采用 SPWM 磁通矢量控制的变频器不仅可在调速范围上与直流电动机相匹配，而且可以控制异步电动机产生的转矩，以保证在低频运行时额定转矩的输出。

2）变频软起动、软停止特性

软起动、软停止特性如图 8-35 所示，是钢丝绳牵引带式输送机驱动系统的首选目标。钢丝绳牵引带式输送机带负载运行时具有极大的惯性，起动加速度与停车减速度的值越大，在机械系统上储存的能量就越大，而释放这些能量就会对输送机机械系统产生极大的冲击。变频器的起动、停止时间是任意可调的，也就是说起动时的加速度和停车时的减速度任意可调，为了平稳起动，匹配其具备的 S 型加减速时间，这样可将钢丝绳牵引带式输送机起停时产生的冲击减至最小。

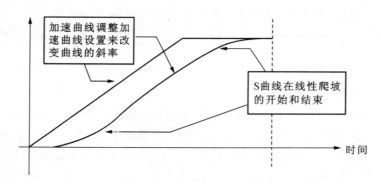

图 8-35　软起动、软停止特性

3）重载起动

钢丝绳牵引带式输送机在输煤过程中任意一刻都可能立即停车再重新起动，必须考虑"重载起动"能力。另外由于采用 SPWM 磁通矢量控制方式，低频运转可输出 1.5～2 倍额定转矩,因此最适于"重载起动"。

4)自动回馈制动

当系统处于负力运行时能自动进入回馈制动运行状态,将能量反馈到电网中,从而在负力提升的状态下也能实现准确的速度控制,又达到了节能的效果。

5)实现无级调速

钢丝绳牵引带式输送机是煤矿生产运输系统主要组成部分,最大限度的从满足安全生产、经济运行的角度出发,驱动系统不仅可实现运人、运料、验绳等多种速度,而且可实现无级调速。变频器可调整电机于 5%～100% 额定带速范围内的任意带速长期工作,并且在任意速度下均可提供额定转矩。对应于煤矿的特殊生产条件,有时,煤的产量是极不均匀的,当然钢丝绳牵引带式输送机系统的运煤量也是不均匀的,在负载较轻或无负载时,钢丝绳牵引带式输送机系统的高速运行对机械传动系统的磨损浪费较为严重,同时电能消耗也较低速运行大的多,但因生产的需要钢丝绳牵引带式输送机系统又不能随时停车。采用单独的PLC 控制系统对前级运输系统的载荷、本机运输系统的载荷进行分别测量,这样可控制变频器抑后降速或提前升速。此方案适于载荷不均的钢丝绳牵引带式输送机系统,可大大节约电能,同时降低钢丝绳牵引带式输送机系统的设备损耗,延长使用寿命。

6)可任意调整的加、减速度

根据钢丝绳牵引胶带输送机电力拖动的工作原理,要求起动平稳,并可满载起动。为减少机械冲击与电机容量,要求加、减速度要小于 0.2 m/s^2;同时为防止起动时瞬时打滑,要求等加速起动。

变频器的加减时间可分别任意调整(0.1～9 999 秒),故加减速度可以根据需要任意设定,满足钢丝绳牵引胶带输送机电力拖动的特殊要求。

7)完善的保护和故障自诊断功能

变频器具有完善的保护功能,以保障电气设备的正常运行。如:过压、欠压、过流、过热、短路、接地、三相不平衡、缺相等保护功能,不仅能保留 10 次故障代码,还能保存相应的故障参数。

8)针对煤矿采取特殊措施

针对矿山应用的特殊环境,隔爆变频器除了在箱体结构方面采取了相应的防爆、防潮、防滴水措施外,在主回路方面尽量加大爬电距离与电气间隙,在控制回路方面,所有的控制板均涂抹多遍三防漆。

2. 控制部分

1)隔爆兼本安型 PLC 控制箱

胶带边缘线速度等同本钢丝绳牵引带式输送机系统如采用四电机驱动,为了保证系统内的同步性能,首先要求四台电机应同步启停,在某一电机或驱动系统故障时能系统停机,同时为了使系统更好的工作,还应尽量保证四台电机之间的功率平衡以及胶带边缘线速度等同。

通过轴编码器采样胶带边缘线速度,由 PLC 控制系统调整四台隔爆变频器的速度给定及频率给定增益,自动调整四台电机之间的微小速度差,实现四驱动电机之间胶带边缘线速度等同。

四机动态功率平衡:

在保证胶带边缘速度等同的前提下,可以通过 PLC 控制系统采样四台隔爆变频器的电流值,再通过适当调整四电机的速度来使四电机电流值逐步趋于平衡,这便形成了一个动态的功率平衡系统。

完成各种保护的控制：

完成绳脱槽保护、带脱槽保护、断绳保护、乘人上下越位保护（两极双保护）、电机的温度保护、烟雾保护、煤仓堆煤保护、超温超尘洒水等保护功能。

实现液压站油泵、润滑站油泵的选择及控制，根据油泵选择及工作状态，自动实现电磁阀的控制。

2) 本质安全型操作集控台功能介绍

操作集控台具有设备操作及显示功能。设备操作，操作方式选择、速度设定、启停胶带输送机、可逆运行等；在操作台实时显示四台电机的电流、电压、速度、故障保护状态显示及控制（断绳、上行下行越位、张紧状态、煤仓堆煤、打滑、温度等保护的显示）。

(1) 速度设定

根据用户现场的实际负载及工况要求，用户可选择"运物"、"运人"、"验绳"及"无级调速"四种调速方式，以适应不同的负载情况。

运物：此时控制系统自动设定传动系统变频器的频率以保证皮带线速度为运物速度。

运人：此时控制系统自动设定传动系统变频器的频率以保证皮带线速度为运人速度。

验绳：此时控制系统自动设定传动系统变频器的频率以保证皮带线速度为验绳速度。

无级调速：此时控制系统根据无级调速的手动旋钮所设定的速度值来自动设定传动系统变频器的频率以保证皮带线速度。

(2) 可逆运行

在现场应用过程中，尤其是检修时，需要胶带输送机反转，本系统可以通过改变变频器中 IGBT 的导通实现胶带输送机的可逆运行。

8.10.2　操作方式及流程

钢缆皮带机电控系统配置图如图 8 - 36 所示。四大保护传感器每 30 m 安装一套，选码电话及本安接线箱每 150 m 安装一套，乘人越位传感器在安装位置安装两级。各传感器与系统形成总线型网络。

1. 自动方式

(1) 运行前的准备工作：检查安全电路是否吸合，只有安全电路吸合才能操作胶带机，开车预警，并且接收到联络信号；

(2) 将"控制方式"选择开关打到"自动"，此时，变频器与 PLC 形成 MODBUS 网络，系统的参数、速度的调整、功率的平稳通过 MODBUS 网络进行通讯，变频器的控制通过 PLC 与变频器的网络决定；

(3) 将"速度选择"选择开关根据工作的要求，打到相应的"运煤"或"运人"或"验绳"挡，系统将根据三档的要求分别设定不同的速度并通过通讯设定变频器的输出速度；

(4) 按"起动"按钮，皮带自动控制液压张紧装置开始张紧皮带；

(5) 皮带张紧的同时，变频器启动建立初始转矩；

(6) 经延时约 0.3～0.8 秒，制动力矩建立完成；

(7) 系统发出松闸指令，液压站根据压力起停油泵电机；

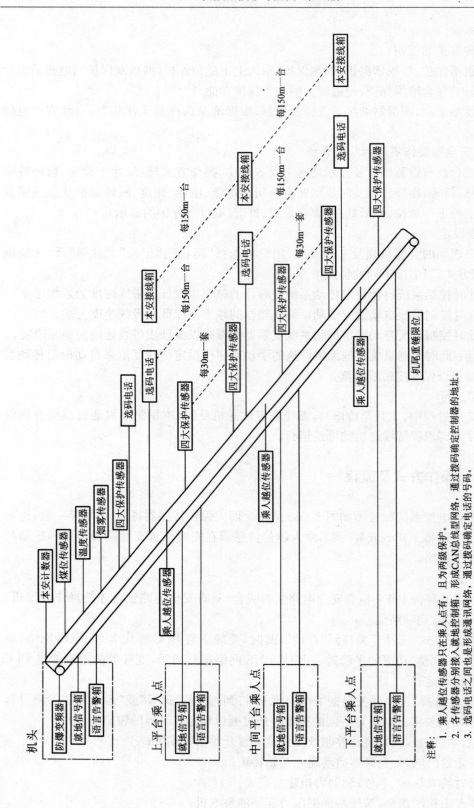

图 8 - 36　皮带电控系统配置图

注释：
1. 乘人越位传感器只在乘人点有，且为两级保护。
2. 各传感器分别接入就地控制箱，形成CAN总线型网络，通过拨码确定控制器的地址。
3. 选码电话之间也是环形成通讯网络，通过拨码确定电话的号码。
4. 传输介质为8芯屏蔽电缆。

　　(8) 同时,当"油泵选择"转换开关置于"1♯油泵"时,变频器根据设定的速度,控制带式输送机的速度;

　　(9) 停止时,按"停止"按钮,系统停机,同时电磁阀断电,盘形制动器制动;

　　(10) 当发生断电或突然发生保护故障等时,系统安全电路跳,系统发生紧急。

　　2. 手动方式

　　(1) 运行前的准备工作:检查安全电路是否吸合,只有安全电路吸合才能操作胶带机,开车预警,并且接收到联络信号;

　　(2) 将"控制方式"选择开关打到"手动";

　　(3) 此时,通过"速度给定"电位器对传动系统进行调速,即甩掉 PLC 的控制,通过电气控制应急使用;

　　(4) 按"起动"按钮,皮带自动控制液压张紧装置开始张紧皮带;

　　(5) 皮带张紧的同时,变频器启动建立初始转矩;

　　(6) 同时,系统发出松闸指令,液压站根据压力起停油泵电机;

　　(7) 变频器根据设定的速度,控制带式输送机的速度。

　　3. 甩变频器或电机运行

　　在某一台变频器和电机出现故障时,可以甩掉该台变频器,但必须采取相应的措施应急使用。

8.11　变频技术在家用电器上的应用

　　通常,家用电器(家电)用得最多的是单相异步电动机,靠电容或电阻来分相。电动机在工作时常处于短时重复状态(开/停),如空调、冰箱等。这样势必带来起动频繁、噪声大、电动机寿命短、温度稳定性差以及能耗高等一系列弊端。随着电力电子技术、计算机技术、传感器技术以及控制理论的迅速发展,人们对家电产品提出了更高的消费要求。为此,各制造厂商不断开发出新一代家电产品,以满足不同的消费需要。

　　变频家电就是新一代家电的发展趋势之一。它不但给家电产品带来功能的增加、性能的改善,而且还具有明显的节能和降低噪声的效果,同时使整机寿命较传统家电有明显提高。

　　变频家电分交流变频和直流变频两类,交流变频家电是指采用三相感应电动机的产品,而直流变频家电是指采用三相直流无刷电动机的产品。两者相比,后者耗能较高,价格还比前者高出许多。目前,我国越来越多的家电制造厂商开始涉足变频家电领域,变频技术已成为家电行业最具有发展前景的前沿技术。

8.11.1　家用变频空调

　　变频空调与定速空调相比,电路复杂,增加了许多控制及保护功能。这些电路采用了不同的传感器技术,如变频模块、霍耳元件、光电耦合器、"看门狗"电路、开关电源电路等。家用变频空调组成框图如图 8-37 所示。家用变频空调由两大部分组成,分别是室内机和室外机部分,并分别采用两个单片机控制。整个系统的控制结构以室内板、开关板、室外主控板和变频压缩机等几部分组成。系统的被控对象是变频压缩机。

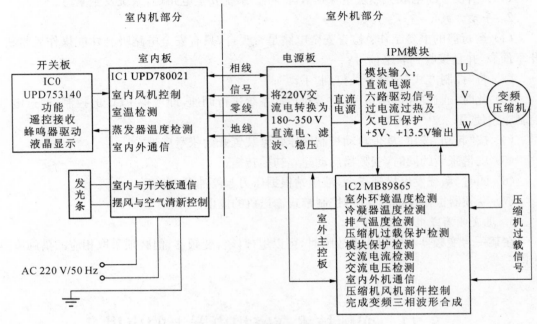

图 8-37　家用变频空调组成框图

1. 室内机部分

安装在室内的部分为室内机部分。

(1) 开关板

开关板是由遥控接收器、蜂鸣器及驱动电路、液晶显示器等组成。主要功能是接收遥控开关信号、报警信号及提示信号等。

(2) 室内板

室内板是由室内风机控制装置、室内温度检测装置、蒸发器温度检测装置、室内外通信控制装置、室内与开关板通信装置、摆风与空气清新等控制装置组成。

2. 室外机部分

(1) 电源板

电源板是由整流器、滤波电路及稳压电路组成,其主要功能是将 220 V 交流电变换成 180~350 V 直流电,为逆变器提供直流电源。

(2) 逆变器

逆变器是由智能化电力模块 IPM 构成的桥式逆变电路,其主要功能是将直流电逆变成三相交流电,并且能发出过电流、过热及欠电压等保护信号,并为室内主控板提供+5 V 直流电源。

(3) 室外主控板

室外主控板由多种检测电路组成,其中包括室外环境温度检测、冷凝器湿度检测、排气温度检测、压缩机过载保护检测、模块保护检测、交流电流和电压检测等。此外还有与室外机的通信接口电路等。

（4）变频压缩机

变频压缩机采用交流异步电动机或永磁同步电机（PMSM）以及开关磁阻电机组成。

3. 变频空调控制原理

变频空调通过变频控制调节压缩机的转速（频率），实现制冷（热）量与房间热（冷）量的自动匹配。具有调温速度快、低温制热效率高、温度控制精度高、适用温度和电压范围宽等优点。特别是随着变频技术的发展，空调变频从交流变频已经发展到直流无刷电机或永磁同步电机变频，并采用两个单片机控制变频空调的室内机与室外机的相互通信。

智能功率模块 IPM 采用六封装或七封装 GTO，或 IGBT 电力电子器件，并将过流、过热、欠压保护、GTO 或 IGBT 的驱动等电路集成于一体。

电源板是将市电通过桥式整流、滤波、稳压以后得到直流电流供给 IPM 模块，逆变输出频率可变的三相交流电供给变频压缩机。

室内板和室外主控板是整个系统的核心。控制器件则普遍采用了数字信号处理器（DSP），处理各种输入的指令信号（如房间的设定温度）和反馈信号（如房间的实际温度），使控制更加准确、可靠。因此，这种变频空调可称为"数字变频空调"。

室外主控板完成变频三相电源的控制算法，得到六路 PWM 波形驱动信号，控制 IPM 的通、断。同时进行室外环境温度检测、冷凝器温度检测、排气温度检测、交流电压和交流电流检测，并完成相应的保护。室内板进行室内风机、室温检测、蒸发器温度检测、室内外通信、摆风与空气清新控制，完成遥控接收、液晶显示、蜂鸣器驱动等，实现人机对话。

整个系统的控制功能以及各个环节的作用与定速空调机相比，变频空调机采用的供电电源频率可调，因而具有高效节能、温度波动小、舒适度高、运行电压范围宽、传感器控制精确、超低温运行时适应性强等优点，并具有良好的独立除湿等多种功能。

8.11.2　变频洗衣机

变频波轮式洗衣机具有三大特点。

1. 提高洗衣效果

采用模糊控制理论设计软件，采用直接驱动式变频电动机，可以针对洗涤物的质地确定不同的洗涤和脱水速度。同时可根据洗涤物的种类、数量、脏污程度选择水流，使衣物的洗净率高、磨损率低。在洗涤桶和渡轮低速转动时产生较大转矩，且采用电磁制动器，可实现反向高速转动。

2. 节能

传统洗衣机电动机的效率仅为 $40\%\sim50\%$，而变频洗衣机的效率可达到 80% 以上，从而实现节能。

3. 低噪声

低噪声、振动小源于直流变频电动机的电磁噪声要小于单相感应电动机，同时改机械传动为直接传动，使齿轮、皮带、电磁噪声及脱水振动得到有效控制。

我国开发的变频洗衣机，采用先进的无刷直流变频电动机进行无级调速以及 PWM 变频控制技术,使洗涤转速和节拍可以同时改变,速度控制灵活。采用模糊控制理论编程,可洗涤不同质地衣物,并可根据衣物质地选择不同脱水转速,从而达到高洗净、低磨损、免缠绕等效果。其低噪声和高效节能表现在平均脱水噪声在 59 dB 以下,比普通洗衣机下降 10 dB。特设的静音程序可使噪声在 55 dB 以下。直流变频电动机寿命比传统的感应电动机延长 200%,而能耗降低 50%。

8.11.3 变频冰箱

变频冰箱通过变频技术调节压缩机转速。冰箱控制系统以检测到的冰箱内温度与设定温度的差值,作为连续控制信号输入到变频器中,来自动改变输出交流电的频率,使冰箱在设定温度下稳定运转过程中,压缩机基本维持连续低速运转。与传统的依靠电源通断调节的定速冰箱相比,可明显延长压缩机使用寿命,既能达到节能的目的,又能使冰箱在最理想状态下运行。

采用变频调速技术可使整个系统在工频电源起动后,进行工频或变频运行。压缩机有 3 个传感器和过载继电器保护,既可防止过流,又可防止温度异常或由于连续变频运转引起的制冷剂蒸发充分而产生低效率液体压缩现象。其内置电动机控制装置可将压缩机转速从 4 500 r/min 降到 2 000 r/min,节能 40%,降噪 5 dB。

8.11.4 变频微波炉

变频微波炉代表了微波炉的发展方向,具有很高的科技含量。变频微波炉以变频器代替传统微波炉内的变压器。变频电路将 50 Hz 电源频率转换成 2 000~4 500 Hz 的较高频率,通过改变频率而得到不同的输出功率,从而解决了传统微波炉通过对恒定输出功率反复开、关进行火力调控而使食物加热不均匀的弊端,实现了真正意义上的均匀火力调控。烹饪后的食物不仅口感好,而且营养损失较少。除此以外,与传统微波炉相比,变频微波炉还具有机身轻巧、噪声低、烹饪速度快、省电等优点,烹饪时间可缩短 50% 左右。由于变频技术的采用,缩小了变压器的体积,使机身重量减轻了 30%,而有效空间增大 20% 以上。

本章实训

实训项目 PLC 与变频器直接实现多段速控制

实训目标:根据所学的 PLC 与变频器知识,进行综合应用。

实训设备:空气开关(三极、单板)、PLC(FX2N 48MR)、变频器(三菱 FR - A540 系列)、电动机、中间继电器、接触器,按钮、热继电器等。

项目描述:所有变频器都具有多挡转速控制功能,且各挡转速之间的转换是由外部开关的通、断组合来实现的。采用 PLC 控制变频器的 3 个多段速端子 RL、RM、RH,可组合实现电动机的 8 挡转速切换控制。

项目要求

1. PLC 编程

要求采用 PLC 定时、行程开关两种控制方式编程。

2. 变频器设置

各挡的参考工作频率设置如下：

Pr.4＝10　　　第 1 挡转速工作频率 10 Hz

Pr.5＝15　　　第 2 挡转速工作频率 15 Hz

Pr.6＝25　　　第 3 挡转速工作频率 25 Hz

Pr.24＝50　　第 4 挡转速工作频率 50 Hz

Pr.25＝35　　第 5 挡转速工作频率 35 Hz

Pr.26＝20　　第 6 挡转速工作频率 20 Hz

Pr.27＝5　　　第 7 挡转速工作频率 5 Hz

实训步骤：

（1）根据电动机选择变频器容量。

（2）设计电路，画出电路图，并写出分析报告。

（3）根据自行设计的电路选择外接电器，并列出清单。

（4）根据电路原理编制 PLC 程序，并在计算机上调试后输入 PLC。

（5）完成主电路和控制电路接线。

（6）检查接线无误后通电，进行变频器参数设置。

（7）观察系统运行是否符合设计要求。

习题 8

1. 画出风机变频器调速系统的电路原理图，说明电路工作过程。如果要让风机在两个地方调节风量，应如何连接？

2. 变频恒压供水与传统的水塔供水相比，具有什么优点？

3. 如何选择变频恒压供水的水泵和变频器？

4. 画出变频器 1 控 3 的电路图，说明随供水量变化的循环工作过程。

5. 简述中央空调系统的组成，说明中央空调系统所用水泵改造为变频调速的意义。

6. 画出中央空调系统冷冻水部分变频调速的电路原理图。取什么信号作为反馈量较好？

7. 试设计多台电动机协调控制的电路原理图。并说明工作过程。

附录 1　森兰 SB61 系列变频器

一、基本接线

1. 主电路
如附图 1-1 所示。

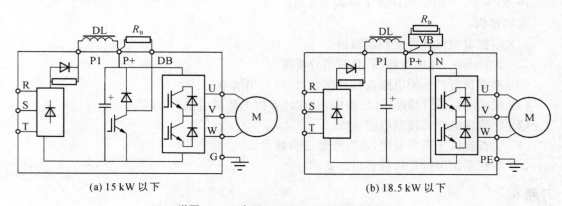

(a) 15 kW 以下　　　　(b) 18.5 kW 以下

附图 1-1　森兰 SB61 系列变频器主电路

（1）输入端

输入端的标志为 R、S、T,接电源进线。

（2）输出端

输出端的标志为 U、V、W,接电动机。

（3）制动电阻接线端

15 kW 以下的 SB61 系列变频器内部已经配置了制动单元,只需在 P+和 DB 之间配接制动电阻 R_B 即可;18.5 kW 以上的变频器,则制动电阻 R_B 与制动 VB 均需外接,且两者相连后接至 P+(直流正端)和 N(直流负端)之间。

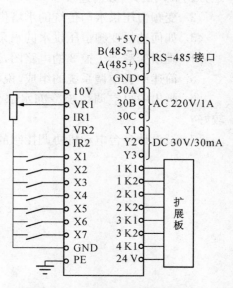

附图 1-2　森兰 SB61 接线端子

（4）直流电抗器

直流电抗器 DL 接至 P1(整流桥输出端)与 P+(直流正端)之间。出厂时 P1 与 P+之间有一短路片相连,需要接电抗器时应将短路片拆除。

2. 控制电路接线端子
如附图 1-2 所示。

（1）外接频率培定端

变频器为外接频率给定提供 10 V 电源（负端为 GND），信号输入端分别为 VR1（电压信号）、IR1（电流信号）、VR2（电压信号）、IR2（电流信号）。

其中，VR1 和 1R1 可预置为主给定信号端；VR1、IR1、VR2、IR2 均可预置为辅助培定信号端。

（2）输入控制端

输入控制端由 X1—X7 组成，均为开关量输入。每个控制端的具体功能通过功能预置确定，其出厂设定是：X1 正转输入端；X2 反转输入端；X3、X4 多挡转速控制端；X5、X6 多挡升、降速时间控制端；X7 外部故障输入端。

（3）计算机输入端口

由变频器提供的 5 V 电源（负端为 GND）和 A（485＋）、B（485－）组成计算机输入端口。

（4）故障信号输出端

故障信号输出端由 30A、30B、30C 组成，为继电器输出，可接至交流 220 V 电路中。

（5）运行信号输出端

运行信号输出端由 Y1、Y2、Y3 组成，为晶体管输出，只能接至 30 V 以下的直流电路中。

（6）扩展输出端

扩展输出端配接专用的扩展板，用于一台变频器控制多台水泵的切换控制中。

二、面板配置及操作

1. 面板配置

面板配置如附图 1-3 所示。

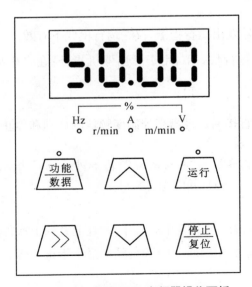

附图 1-3　森兰 SB61 变频器操作面板

（1）显示

LED 显示屏可以显示运行频率、运行电流和电压、同步转速和线速度以及负荷率等。

显示内容可由单位指示来判断：

左侧灯亮——显示频率，Hz；

中间灯亮——显示运行电流，A；

右侧灯亮——显示运行电压，V；

左侧与中间灯亮——显示同步转速，r/min；

中间与右侧灯亮——显示线速度，m/min；

左侧与右侧灯亮——在运行状态下，显示负荷率；在预置 PID 控制功能时，显示目标值的百分数。

通过功能预置，显示屏还可以显示输出功率、模块温度、累计消耗电能、累计运行时间等。

除此以外，变频器还有两个状态指示灯：

"功能/数据"指示灯——显示变频器的工作模式（运行模式或编程模式）；

"运行"指示灯——显示变频器的工作状态（运行或停止）。

（2）键盘

键盘中各键的功能如下：

$\boxed{\text{功能／数据}}$ 键——用于切换工作模式（运行模式或编程模式）、读出功能码中的原有数据和写入新数据。

$\boxed{\land}$ 键和 $\boxed{\lor}$ 键——在运行模式下，用于增、减给定频率；在编程模式下，用于更改功能码或数据码。

$\boxed{> \ >}$ 键——在运行模式下，用于切换显示内容；在编程模式下，用于移动数据的更改位。

$\boxed{\text{运行}}$ 键——向变频器发出运行指令，仅在运行模式下有效。

$\boxed{\text{停止／复位}}$ 键——在运行状态下，用于发出停机指令；在发生故障并修复后，用于使变频器复位。

2. 键盘控制

所谓键盘控制，就是直接通过键盘来控制变频器的启动和停止、升速和降速等。

（1）接通电源

合上电源后，显示屏首先显示"8. 8. 8. 8."；若干秒后，5 个指示灯一起亮；又若干秒后，显示屏显示给定频率（如 50 Hz），并闪烁。

（2）运行

按 $\boxed{\text{运行}}$ 键，变频器的输出频率即开始上升，一直上升到上次停机前的频率（如 50 Hz）。上升的快慢由预置的升速时间决定。运行时，频率显示不再闪烁。

（3）升速及降速

按 $\boxed{\lor}$ 键，频率下降（如下降至 30 Hz），下降的快慢由预置的降速时间决定；按 $\boxed{\land}$ 键，频率上升（如上升至 40 Hz），上升的快慢由预置的升速时间决定。

（4）停止

按 停止/复位 键，输出频率即按预置的降速时间下降直至停止。显示屏的显示则先下降至 2 Hz 后又转为停机前的给定频率（如 40 Hz），并闪烁。

（5）显示内容的切换

森兰 SB61 系列变频器在运行状态下，显示屏显示的内容可通过按 > > 键来更改。每按一次 > > 键，当将 F800 功能预置为 0 时，其显示内容依次为输出频率→输出电流→输出电压→同步转速→线速度→负荷率→输出频率。

森兰 SB61 系列变频器在说明书中，虽然把各种功能分成了许多功能区，但并未分成若干个等级。这些功能区的名称如附表 1-1 所示。

附表 1-1　森兰 SB61 系列变频器的功能结构

序号	功能区名称	功能码范围	序号	功能区名称	功能码范围
1	基本功能	F000～F013	8	简易 PLC 功能	F700～F732
2	V/F 控制功能	F100～F125	9	过程 PID 功能	F800～F832
3	矢量控制功能	F200～F211	10	通信功能	F900～F902
4	模拟给定功能	F300～F311	11	显示功能	FA00～FA15
5	辅助功能	F400～F417	12	厂家保留功能	FB00～FB01
6	端子功能	F500～F517	13	计算机显示功能	FC00～FC11
7	辅助频率功能	F600～F644			

因为 SB61 系列变频器并未把所有功能分级，所以在进行功能预置时，不需要搜索功能级别。以把升速时间（功能码为 F009）从 5 s 增加为 20 s 为例说明如下：

① 按功能/数据键，使变频器进 A 编程模式，显示屏显示第 1 个功能码 F000。

② 按 ∧ 、 ∨ 或 > > 键，找出所需预置的功能码 F009。

③ 按功能/数据键，读出该功能码中的原有数据码 5.0。

④ 按 ∧ 、 ∨ 或 > > 键，将数据码调整为 20.0。

⑤ 按功能/数据键，写入新数据码，此时，功能码 F009 与数据码 20.0 开始交替显示。

⑥ 如功能预置未结束，则转入第②步，如功能预置已经结束，则等待功能码 F009 和数据码 20.0 交替显示两次后，自动转为运行模式。

附录 2　安川 G7 系列变频器

一、基本接线

1. 主电路

如附图 2-1、附图 2-2 所示。

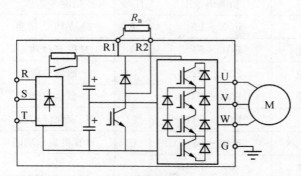

附图 2-1　15 kW 以下的安川 G7 变频器主电路

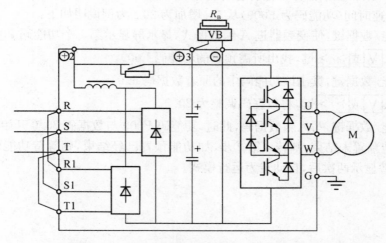

附图 2-2　18.5 kW 以上的安川 G7 变频器主电路

（1）输入端

容量小于 31 kV·A（配用 15 kW 电动机）的变频器和其他变频器相同，输入线的标志为 R、S、T，接电源进线。容量大于 31 kV·A（配用 18.5 kW 电动机）的变频器可以配接三绕组变压器，进行 12 相整流。其内部配置 7 直流电抗器，可大幅度减少输入电流中的高次谐波成分,提高抗干扰能力。

(2) 输出端

外部的接法和其他变频器相同,输出端的标志也是 U、V、W,接电动机。但在内部,则是由 12 个功率器件(ICBT)构成的三电平逆变电路。

(3) 制动电阻与制动单元接线端

15 kW 以下的安川 G7 变频器内部已经配置了制动单元,如附图 2-1 所示;18.5 kW 以上的安川 G7 变频器的制动电阻 R_B 与制动单元 VB 均需外接,如附图 2-2 所示。

2. 控制电路

如附图 2-3 所示。

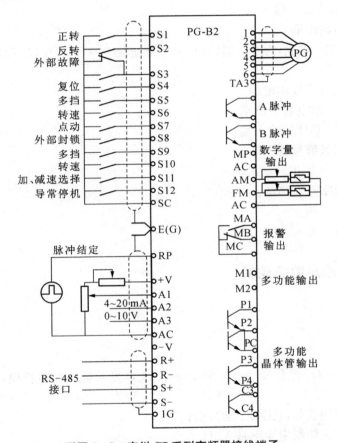

附图 2-3　安川 G7 系列变频器接线端子

(1) 外接频率给定端

变频器的外接频率给定提供 10 V 电源(正端为＋V,负端为 AC),信号输入端分别为 A1、A3(电压信号)和 A2(电流信号)。

(2) 输入控制端

S1-S12 为多功能输入控制端,具体功能均可通过功能预置来设定。各端子功能的出厂设定如下:

S1——正转控制端;

S2——反转控制端；

S3——外部故障输入端；

S4——复位端；

S5、S6、S9、S10——多挡速控制端；

S7——点动控制端；

S8——封锁外部信号控制端；

S11——加、减速时间选择控制端；

S12——异常停机控制端。

（3）通信接口输入端

从 R+、R-、s+、s-输入。

（4）故障信号输出端

由 MA、MB、MC 组成，为继电器输出，可接至交流 250 V(1 A 以下)或直流 30 V(1 A 以下)电路中。

（5）多功能运行信号输出端

① M_1、M_2——继电器输出端；

② P1-P4——晶体管输出端。

（6）多功能测量信号输出端

① AM、FM——模拟量输出端；

② MP——数字量输出端。

（7）编码器输入端

从插件 PC-B2 输入。

二、操作面板及键盘控制

1. 面板配置

面板如附图 2-4 所示。

（1）显示

① LCD 显示屏 G7 系列变频器配置了一个 LCD 显示屏。在运行模式下，显示屏的显示内容如下：

第 1 行——说明变频器正处于运行模式下；

第 2、3 行——说明给定频率是 50 Hz；

第 4 行(虚线下方)——说明实际运行频率也是 50 Hz；

第 5 行——说明运行电流是 10.05 A。

② 指示灯在显示屏上方，有 5 个状态指示灯：

FWD——正转运行；

REV——反转运行；

SEQ——外接端子程序运行；

REF——升接端子控制运行；

ALARM——变频器报警。

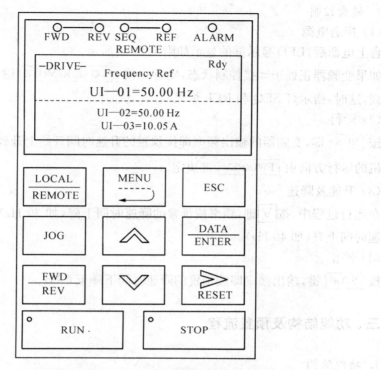

附图 2-4　安川 G7 系列变频器操作面板

此外,键盘上,还有两个状态指示灯:

RUN——表示运行;

STOP——表示停止。

(2) 键盘

键盘中各键的功能如下:

LOCAL/REMOTE 键——切换控制方式(面板控制端子或外按端子控制);

MENU 键——模式切换键;

ESC 键——返回键,返回至前一种状态;

JOG 键——点动运行键;

FWD/REV 键——正、反转切换键;

＞/RESET 键——在编程模式下用于移动数据码的更改位,当变频器发生故障并修复后用于复位;

∧键和 V 键——在运行模式时,用于增、减给定频率;在编程模式下,用于更改功能码或数据码;

DATA/ENTER 键——读出/写入键;

RUN 键 ——运行键,向变频器发出运行指令,仅在键盘运行方式下有效;

STOP 键——停止键,向变频器发出停止指令,仅在键盘运行方式下有效。

2. 键盘控制

(1) 接通电源

合上电源后,LED 显示屏的显示如附图 2-4 所示。

如果变频器正处于♯接控制状态,则首先按 LOGAL/REMOTE 键,使变频器处于面板控制方式,这时,指示灯 SEQ 和 REF 熄灭。

(2) 运行

按 RUN 键,变频器的输出频率即按预置的升速时间开始上升到给定频率(如 50 Hz),电动机的运行方向由 FWD/REV 键决定。

(3) 升速及降速

在运行过程中,按 V 键,频率按预置的降速时间下降(如 30 Hz);按 ∧ 键,频率按预置的升速时间上升(如 40 Hz)。

(4) 停止

按 STOP 键,输出频率即按预置的降速时间下降至 0 Hz。

三、功能结构及预置流程

1. 功能结构

安川 G7 系列变频器把所有功能分成 12 个功能块,每个功能块中又有若干个功能组,如附表 2-1 所示。

附表 2-1　安川 G7 系列变频器的功能结构

序号	功能块	功能组	功能码范围
1	环境设定功能块 (A 功能块)	基本设定功能组	A1—00～A1—05
		用户参数功能组	A2—01～A2—32
2	运行选择功能块 (B 功能块)	运行方式功能组	B1—01～B1—08
		直流制动功能组	B2—01～B2—08
		速度搜索功能组	B3—01～B3—05
		延时功能组	B4—01～B4—02
		PID 功能组	B5—01～B5—17
		暂停变化功能组	B6—01～B6—04
		转差控制功能组	B7—01～B7—02
		节能控制功能组	B8—01～B6—06
		零伺服控制功能组	B9—01～B9—02

（续表）

序号	功能块	功能组	功能码范围
3	调整功能块 （G 功能块）	升、降速时间功能组	C1—01～C1—11
		升、降速方式功能组	C2—01～C2—04
		转差补偿功能组	C3—01～C3—05
		转矩补偿功能组	C4—01～C4—05
		转速控制功能组	C5—01～C5—08
		载波频率功能组	C6—01～C6—11
4	给定功能块 （D 功能块）	频率给定功能组	D1—01～D1—17
		频率上、下限功能组	D2—01～D2—03
		回避频率功能组	D3—01～D3—04
		频率记忆功能组	D4—01～D4—02
		转矩控制功能组	D5—01～D5—06
		励磁控制功能组	D6—01～D6—05
5	电动机参数功能块 （E 功能块）	V/F 功能组	E1—01～E1—13
		电动机数据功能组	E2—01～E2—11
		V/F2 功能组	E3—01～E3—08
		电动机数据 2 功能组	E4—01～E4—07
6	选择件功能块 （F 功能块）	PG 控制卡功能组	F1—01～F1—14
		模拟量给定卡功能组	F2—01
		数字量给定卡功能组	F3—01
		模拟量显示卡功能组	F4—01～F4—08
		数字量输出卡功能组	F5—01～F5—09
		传递选择卡功能组	F6—01～F1—06
7	端子的选择功能块 （H 功能块）	输入端子的选择功能组	H1—01～H1—10
		输出端子的选择功能组	H2—01～H2—05
		模拟量输入端子的选择功能组	H3—01～H3—12
		模拟量输出端子的选择功能组	H4—01～H4—08
		MEMOBUS 通信功能组	H5—01～H5—07
		脉冲序列功能组	H6—01～H6—07

序号	功能块	功能组	功能码范围
8	保护功能块 （L 功能块）	电动机保护功能组	L1—01～L1—05
		瞬时停电处理功能组	L2—01～L2—08
		防止跳闸功能组	L3—01～L3—06
		频率检测功能组	L4—01～L4—05
		重合闸功能组	L5—01～L5—05
		过载检测功能组	L6—01～L6—06
		转矩极限功能组	L7—01～L7—04
		硬件保护功能组	L8—01～L8—18
9	特殊调整功能块 （N 功能块）	防止振荡功能组	N1—01～N1—02
		速度反馈控制功能组	N2—01～N2—03
		高转差制动功能组	N3—01～N3—04
		速度推算功能组	N4—07～N4—18
		前馈控制功能组	N5—01～N5—03
10	操作功能块 （O 功能块）	显示设定功能组	O1—01～O1—05
		多功能选择功能组	O2—01～O2—12
		拷贝功能组	O3—01～O3—02
11	电动机参数的自测功能块 （T 功能块）	三相异步电动机参数功能组	T1—00—T1—08
12	显示功能块 （U 功能块）	状态显示功能组	U1—01～U1—45
		故障轨迹功能组	U2—01～U2—14
		故障记录功能组	U3—01～U3—08

2. 功能预置流程

（1）模式的选择

安川 G7 系列变频器有五种模式，分别是：

① 运行模式；

② 快速编程模式；

③ 全面辅程模式；

④ 校验模式；

⑤ 电动机参数的自测定模式。

各模式之间通过按 MENU 键进行切换。

（2）编程模式下的功能预置流程

首先按 MENU 键多次，直至切换到编程模式（LCD 显示屏左上方显示 ADV）为止。在编程模式下，以把减速时间（功能码为 C1 - 02）从 5 s 增加为 20 s 为例，其操作步骤如下：

① 按 DATA/ENTER 键,使变频器进入编程模式。

② 按 ∧ 或 ∨ 键,找出所需预置的 C 功能组,显示屏的光标停留在功能组别 C1 上。

③ 按 > 键,使光标移至功能码 00 处。

④ 按 ∧、∨ 键,将功能码更改为 C1 - 02。

⑤ 按 DATA/ENTER 键,读出该功能码中的原有数据码 0005. 0Sec。

⑥ 按 ∧、∨ 键,将数据码调整为 0020. 0Sec。

⑦ 按 DATA/ENTER 键,写入新数据码,此时,显示屏显示 Entry Accepted(新数据已被接收);1 s 后显示当前的功能码及数据码。

⑧ 如本功能组尚未预置完所有功能,则按 ESC 键,返回至本功能组的起始位置,重复第④步以后的流程。

⑨ 如本功能组全部功能的预置工作都结束,但其他功能组的预置尚未结束,则再按 ESC 键,返回至第②步,再重复上述流程。

⑩ 如功能预置已经结束,则反复按 MENU 键,直至变频器转为运行模式为止。

(3) 快速编程模式的功能预置流程

安川 G7 系列变频器对于 28 种最基本、最常用的功能,可以在快速编程模式下进行快速预置。例如,A1 功能组中的 A2 - 02、B1 功能组中的 B1 - 01~B1 - 03 等。

在快速编程模式下,可通过按 ∧ 和 ∨ 键,直接找到所需的功能码,而不必先找功能块等。

要实现快速预置,首先按 MENU 键多次,直至切换到快速编程模式(LCD 显示屏左上方显示 QUICK)为止,仍以把减速时间(功能码为 C1 - 02)从 5 s 增加为 20 s 为例,其操作步骤如下:

① 按 DATA/ENTER 键,立即切换到快速编程模式下的第 1 个功能码 A1 - 02。

② 按 ∧、∨ 键,找到所需修改的功能码 C1 - 02。

③ 按 DATA/ENTER 键,读出该功能码中的原有数据码 0005. 0Sec。

④ 按 > 键,使光标移至修改位置。

⑤ 按 ∧、∨ 键,将数据码调整为 0020. 0Sec。

⑥ 按 DATA/ENTER 键,写入新数据码,此时,显示屏显示 Entry Accepted(新数据已被接收);1 s 后显示当前的功能码及数据码。

⑦ 预置工作尚未结束,则按 ESC 键,返回至本功能组的起始位置,重复第②步以后的流程。

⑧ 如全部功能的预置工作都结束,则反复按 MENU 键,直至变频器转为运行模式为止。

主要参考文献

[1] 李德永,李双梅.变频器技术及应用[M].北京:高等教育出版社.2007

[2] 张燕宴.电动机变频调速图解[M].北京:中国电力出版社.2003

[3] 王兆义.变频器实训教程[M].北京:高等教育出版社.2005

[4] 李良仁,王兆晶.变频调速技术与应用[M].北京:电子工业出版社.2004

[5] 王延才,王伟.变频器原理[M].北京:机械工业出版社.2005

[6] 满永奎,韩安荣,吴成东.通用变频器及应用[M].北京:机械工业出版社.1995

[7] 王生.电机与变压器[M].北京:高等教育出版社,1999

[8] 周绍敏.电工基础[M].北京:高等教育出版社.2004

[9] 三菱电机株式会社.变频器原理与应用教程[M].北京:国防工业出版社.1998

[10] 孙传森,钱平.变频器技术[M].北京:高等教育出版社.2005